JN103248

山内 司 著

共同体論・転換の経済学

近代日本における労働力移動と米価構造

ロゴス

目　次

序章　課題と構成

本書は「近代日本における労働力移動と米価構造」というテーマで、農村部と都市部の労働力移動のなかで、米価がどう決まっていたのかを明らかにすることを課題としている。マルクス経済学では、農産物価格は限界条件における費用価格で決まるとする説が通説となっている（暉峻衆三：1992：1003頁参照）。本書はこれに疑問を持ち、その代表的な大内力説（犬塚昭治の見解を含む）に異議をとなえ、新たな説を提示しようとする試みである[(1)]。言い換えれば「理論と現実とのクレバス」をどう埋めるかという試みである。

Ⅰ　課題への接近法——従来の研究と本研究の意義

課題への接近は従来の研究に対してとくに次の点に留意することにした。私は以前、旧著において「農産物価格を規定するものとしての理論的な最劣等地と、現実の耕作されている限界経営・現実の最劣等地とは一致しなくなることが金融資本段階の特徴だといえる」（山内司：1974：42頁）とし「企業としては存立し得ない」農業という見方を示した（同上、24頁参照）。その場合、犬塚昭治の言われる「兼業労働市場（過剰人口の形成）→兼業労働所得水準→農業労働所得水準という論理」（犬塚昭治：1967：280頁）を認めてしまったことで、「農産物価格水準は……より具体的には農業雇用賃金水準によって、その最下限を規制され」（山内司：1974：172頁）る、とした。これは費用価格規定を認める発想であった。しかしよく考えると、労働力移動は自由ではありえなかったし、「投資の可逆性」もなかったのではないか。しかもそれが大内価格論の前提ではなかったか。したがって、労働力市場の考察が要請されることになる。

また「限界条件」についても通説と同じように、私もあまり検討して来なかった。しかし原論レヴェルでも現実でも限界条件はそもそも成立していなかったのではないか。限界条件規定についての考察をおこなうことで、費用価格規定は成立しないことを明らかにすることが要請される。そのことは、費用価格規定が通説となっている現状からすれば、それに代わる論理を提示する義務が生じることになる。

さらに考察にあたって、通説のように〈商品経済の原理〉のみで思考するのではなく、〈共同体の原理〉も存在するという新たな視点に立って展開することが求められる。これまでの価格論（米価論）は1ha未満層、少なくとも0.5ha未満層は米自給農家であるとして「価格形成の競争圏外」（白川清：1969：175頁）として排除または無視してきた。しかし、排除するのではなく、〈共同体の原理〉つまり贈与や相互扶助による行動様式を取り込むことで事態は変わるのではないか。それは、端的には原論レヴェルに〈共同体の原理〉を取り込むことで「理論と現実のクレバス」を埋めることが可能になるのではないかと考える。共同体の経済と言う見方を新たに提示し、〈商品経済の原理〉のみからなるこれまでの理論全体を革新し、現実を説明する理論的な構築を目指すことにする。

本書はおよそ以上のような方法をとおして課題に接近するものである。

Ⅱ　構　成

ほとんどの経済学者が「出稼ぎ型」労働力論を受け入れ、地主制がもたらす貧困によって農村からの出稼ぎ労働者が安い賃金で都市で働かざるを得ず、しかも「出稼ぎ」であることから、子女はやがて農村に帰り結婚をすること、こうして都市での雇用関係も不安定であり、農村では地主によって小作人は収奪され、低米価・低賃金の雇用構造が出来上がる、としている。第１章と第２章では、そうした実態が存在するのかどうかを検討しつつ、本書では「出稼ぎ型」労働力を否定し、米価構造の関係を都市下層社会を媒介として明らかにしていく。

第１章「第一次大戦前の労働力移動と農民」でははじめに農村経済の実態を分析する。農村雑業層の貧困ぶりは言うまでもないが、日露戦後の1907年恐慌頃までは在来産業が家内工業の形態で農村部を中心に広がりをみせていた。だが、農家副業である織物業が紡績業の発達で衰退し、農村雑業層が食うや食わずの形で流れ込んだ都市下層社会も著しく貧困状態であった。この都市下層社会に堆積した雑業層の子弟から不熟練労働者が登場する。その多くは５人未満規模の工場労働者であり、あるいは職人徒弟、家内工業従事者であった。世界資本主義が帝国主義への移行を開始しつつある時期に、日本のように対外的自立を図りながら資本主義を発展させようとする場合、一握りの巨大経営と鉱工業人口の7割が5人未満規模の工場労働者で占められた。それは世界資本主義の規定的な影響のもとで早熟的に資本主義化を図らなければならなかった日本資本主義の位置に由来するのである。この章はこうした一方での農村の窮乏と、他方での都市下層社会に流入し都市雑業層を形成した人々が労働力市場にどのように位置づけられていくか、その過程を整理することになる。

第2章「『出稼ぎ型』労働力論批判と米価構造」では「出稼ぎ型」労働力論が成立しうるかどうかに焦点をあてて、そのうえで、「出稼ぎ型」労働力論が労働問題や米価問題を考えるときに、どういう問題があるかを論じる。もともと「出稼ぎ型」労働力とは、好況期に一時離村はするが、やがて不況になると農村に戻ってくる還流型の労働力のことである。この理論は様々に論議されて今日に至るが、奇妙なのは講座派に批判的な大内力まで、この「出稼ぎ型」労働力論を積極的に評価していることである。そこでまず、「出稼ぎ型」労働力が検出できるかどうかを検討する。

次いで価格――小作料をめぐる諸見解について検討する。はじめに、〈高率小作料＝低賃金〉の相互規定関係について述べる。中村政則らは地主制がもっとも強固なのは東北型であるにもかかわらず、東北型でこの関係を論じないのはなぜであろうか。また資本蓄積のあり方が低賃金を規定したことを明らかにする。〈低米価――低賃金〉のシェーマは、農民の低い生活水準は地主制によるものであり、米価が低ければ低いほど低賃金ですむという皮相的見解につながるしかない。だが米価はどう決まっていたのか。当時の下層社会では支出の多くは飲食費、それも主食たる米代に充てられていた。ここではエンゲル係数に着目して検討するが、ここで検討する米価構造は次章以下の伏線になるものである。

〈地主経営の成立＝小作農民経営の安定的再生産（小作料の安定的取得）の成立〉というシェーマはどうであろうか。小作人・小作地への支配管理機構の確立をもってそう言われるが、それは逆で、資本主義の農村への浸透序列に照応する形で、それへの地主的対応を余儀なくされたものと考えるべきものではないのか。ともあれ、「出稼ぎ型」労働力論が経営者側の雇用政策を著しく過小評価するものであることを明らかにし、またそれが農産物価格——小作料にいかなる影響をもたらしたかをも検討する。

第３章「戦間期日本の米価構造——大内説批判」では、大内力の農産物価格に関する理論について、いくつかの疑問点をあげて、戦間期日本の位置を確かめつつ、可処分所得と工業労賃、家計費、米生産費、米作農家と米購入農家がどうかかわっていたかを明らかにする。

はじめに、大内が費用価格規定という場合、理論の前提となるべき条件そのものが発展段階におうじて異なるのではないかという点に着目した。農民が労働者に転化しうるような「前提条件」があって、最終投資の生産物の費用価格で価格が決まると言われるが、そもそも「前提条件」（大内力：1951：125頁）が存在していたのかどうか。費用価格を超える超過分をめぐっての競争がＶ部分を低下させるが、それは「誤差にすぎない」として競争の限度の「基準はやはり労賃水準にある」（大内力：1961：156頁）といった原理的理解は成り立つのか。あるいは農民のＶ水準についても、都市勤労労働者の所得水準に均衡するものでなければならないとする思い込みがあったのではないか。だが経済学に要請されることは「……なければならない」と主張することなどではなく、価格がある一定の水準にあるのはなぜか、なぜその水準にあるのかを明らかにすることであろう。そもそも「最終投資」（大内力：1951：125頁）などという概念自体が小農民には適用できないのではないか。生産費用を投下し、それを利潤とともに回収するという行動様式が一般的には前提とされるが、その理論は現実の農民にたいしては適用しがたいのである。大内はＣ（不変資本）やＶ（自分自身に支払う労賃）を〈商品経済の原理〉に立って考察しているが、それは成り立つのか。またそういった観点から農民にも〈商品経済の原理〉が100％当てはまるとして、わが国小作料を差額地代第二形態DR Ⅱに類推するが、果たしてそれは妥当性があるのかどうか等を検討する。

犬塚は農産物の価格とは農民労働力の価格水準であるとして、Ｖ水準を問題としている。しかし、私は価格水準とは後述するように所与のものであって、可処分所得水準を取り上げる。もし犬塚や大内が限界条件で価格が決まるというなら、その限界条件がどこにあるかを示さなければならない。1ha

未満層に小作農の８割がいたことをどう考えるのか。しかも犬塚や大内は小作料はDR Ⅱ、つまりリカードやマルクスの地代論での（差額地代の第二形態）同一の土地に追加投資をおこなう場合に、そこで平均利潤が得られると言われる。しかしそのためには、①「投資の可逆性」が存在していること、② 0.5ha 未満層が借地している耕地が優等地であることを証明しなければならないが、それは証明されていないのではないか。

次いで、労働者の生活水準と農民労働力の供給価格を問題とする。だが小作農の８割を占める 1ha 未満の動きは資料的にもあまり明かではない。しかも問題は、恒常的賃労働兼業化を可能とする条件がなかったことである。犬塚は「日本資本主義が不況の進化によって形成した過剰人口が農家の賃労働兼業を媒介にして農民の労働力の価格水準を規制している」（犬塚昭治：1967：278 頁）というが、そもそも「賃労働兼業」はそう広範にあったかどうか。

では米価はどう決まり、これにたいして農家はどう対応したか。米作農家の半数は米購入農家であった。販売農家は〈商品経済の論理〉で交換条件の合意に基づいた市場的な交換が価格を形成し、その価格水準をもとに費用と回収の継続性を想定して、そこに再生産を図ろうとするが、少なくとも 0.5ha 未満の零細小作農は家族を養うために兼業労働に従事しつつ労働提供・農産物交換などを通じて、周辺から安く米を入手しようとした。共同体の原理とは、贈与を軸に人と人とは相互扶助を実践するものであるという人間の行動様式のことを言う。この時期、米価水準は家族の維持と再生産の維持という〈共同体の原理〉と〈商品経済の論理〉の組み合わせによって規制されたうえで、需要側の要因によって総括されていたと考えられるのではないか。こうした論点をこの章では考察する。

第４章「戦間期日本の小作料——大内説批判」は小作料の高率性と低下傾向を検討して、小作料は差額地代の第二形態の理論をもっては全く説明できないという点を論じる。その展開をとおして伝統的価格論が成り立たないことを実証することが、この章の課題である。

はじめに封建制から解放された小経営的土地所有である「農民的分割地所有」論について、大内はこれを「純粋小農制」（大内力：1953：33 頁）として把握し、ここから価格や小作料の法則性を引き出す。しかし、その論拠がはっきりしないまま、小農の農産物価格は費用価格で決まるというドグマが創られる。つまり、物的費用投下と人的費用投下の回収原理によって価格が形成されるという考え方を示されるのである。しかしこれが現実を説明しえないのであれば、説明原理というよりもドグマというべきではなかろうか。そして小作料の考察にあたり、大内は地代論では追加投資が単独で利潤をあげるいわゆるマルクス方式を適用しながら、現状分析ではV=最低生活費という追加投資が既存の投資と一体化して利潤をあげるいわゆるエンゲルス方式を展開するというダブル・スタンダードに立っていることを述べる。

さらに、「農民的分割地所有」に関する通説的解釈の間違いを指摘し、資本の発展段階にかかわらず費用価格規定は成立しないことを述べる。また小作料がDR Ⅱなら高率であろうとなかろうと小作人にとっては関係ないはずである。小作料の高率性についてはいくつかの要因が考えられるが、小作料は第一次大戦後には明らかに低下する。それを犬塚昭治は「小作闘争や土地改良事業」（犬塚昭治：1967：264頁）に求められている。しかし統計的にみる限り、統計はこの指摘を拒否している。少なくとも東日本はそうであるように思われる。米価は労働者側の有効需要、つまり所持できる貨幣の量の大きさで決定されてきたように思われる。その価格を前提として小作人の手元にどれだけの現物量の米が残れば最低生活が可能かどうかで、その差額が第一次大戦前の小作料の量を決めたのではないか。また、1920年恐慌後は米価低落を契機に、高率小作料の低下問題は大正デモクラシー状況のなかでの生活権意識にかかわる問題であったのではないか。この章は以上のことを実証する。

終章は、この研究が現代の日本農業を考えるときにどう生かせるか、特に米価問題に焦点を当てて簡潔なスケッチを試みつつ、結語で「理論と現実とのクレバス」がなぜ生まれたかを要約する。ただし、なぜ生まれたのかを説明することが大事ではなく、理論を創り替えていくことが重要なのである。〈商品経済の原理〉によりそった大内力理論の再検討が求められる。第3章と第4章のサブタイトルに「大内説批判」と付記したのはそのゆえである。

以上が本書の課題と構成であり、その実証をとおして「理論と現実のクレバス」を埋めることを課題とする。その展開は以下のとおりである。

〈注〉

（1）大内説批判は本書が最初ではない。その典型的なものは花田仁伍の所説であろう。

ただし、花田は限界条件規定についての考察を欠き、労働力市場について十分に考慮せず、大内のＶ概念の多様性とその矛盾から大内の費用価格説を否定しているのである。これでは批判としては不十分なのは言うまでもない。そのうえで経済外強制にたつ「ただの労働」で成り立つ米価水準、という地主米商品論理を提示されている（花田仁伍：1971：特に第二章参照）。これは私の考え方とは相当な開きがあり、本書では取り上げない。花田説については別の機会に述べることにしたい。

なお犬塚昭治（2019）は鈴木鴻一郎と大島清の大内力批判と大内の反論、犬塚の大内批判を述べている。だが犬塚は大内よりも宇野弘藏の立場に近いだけで、基本的には犬塚は大内理論の枠内での批判にとどまっている。

第１章　第一次大戦前の労働力移動と農民

この章の課題は、第一次大戦前の農村経済の実態を踏まえ、そこでの農村雑業層が都市雑業層といかなる関係にあり、それは全体として、日本資本主義の労働力移動の構造のなかにどう位置づけられていたかを明らかにすることである。それは、これまでの通説が農村の貧困を強調し、それを地主制に求める傾向が強く、都市雑業層の実態にほとんどふれていないからである。牛山啓二は「農村において半ば農業経営からはみだしている、雑多な不安定な就業形態にある最下層の労働力人口を『農村雑業層』と規定し」(牛山啓二:1975：7頁)、他方に隅谷三喜男のいわゆる都市雑業層をおき、両者間の労働力移動を問題とされた。そこでは流出県である新潟においては、「全体を通じての、『出稼ぎ型』から『非還流型』への基調の転換は、昭和恐慌期を境にしている」(牛山啓二：1975：194頁)とされた。ただし、牛山は主として第一次大戦後について分析され、それ以前の時期についてはあまり触れておられない。隅谷三喜男も『日本賃労働史論』(1955年、初版。1965年、第4版)を明治前期の1890年代半ばまでで終えられている。注目すべきは、津田真澂の『日本の都市下層社会』(1972年)である。特にその第2章「明治末期の『細民戸別調査』の分析」であろう。それは「貧民窟」のなかから工場労働者が多く出ていること、したがって、「出稼ぎ型」労働力論を否定する展開になっているのである。これらを日本資本主義の成立期の分析としての労働力移動の構造のなかに位置づけること、それがこの章の課題である。

I　農村経済

(1) 農村経済の実態

明治前期の農村経済の実態については数多くの研究があるから、ここでは行論上必要な論点を簡単に確認しておくだけでよいであろう。1880年代について、私はかつておおよそ次のように述べたことがある。

山口和雄によれば、1884年から1892年までの工場生産の変化は、第一に、工場数では1,981から「二,九七一に達し、九九〇の増加」(山口和雄:1963：127頁)となった。第二に、「府県別にみると、二十五年度になると『工場』二〇にみたぬ府県は比較的すくなくなり、これに反し二一『工場』以上を産する府県数が急増して総府県数の七五％に達している」（山口和雄：1963：127頁）。第三に、「工場数を部門別にみると紡織工業部門が依然支配的比重を占めている点は十七年度と変りないが……化学、『その他』の両部門の増加が著しい」（山口和雄：1963：128頁）。第四に、所在地別には「都市所在工場が三八〇より一,四六五と約四倍に著増……十七年度には不明を除いた都市『工場』、村落『工場』の百分率はそれぞれ二三．五％、七六．五％であったのが、二十五年度には四九．三％対五〇．七％と変化し、両者の比率は殆ど均一である」（山口和雄：1963：128頁）。第五に、原動力別には、「水力『工場』が十七年度九三七から二十五年度四一三に、百分率においては四九．七％から一九％へと著しく低下した」（山口和雄：1963：128頁）。なお、山口の同書、122頁から123頁、及び126頁から127頁のそれぞれの折り込み表（明治17、明治25両年度の「工場基本表」）も参照されたい。このような年度変化にもかかわらず、1880年代においてはいまだ農村部から都市部への労働移動をもたらすような労働力市場としては局地的かつ未展開であった。太田嘉作によれば、米価は明治「十四、五年〔1881、82年…山内挿入。以下の〔 〕も同様〕以後二十三、四年〔1890、91年〕頃までは、産額に依って変動の大勢が誘はれ」（太田嘉作：1938：16頁）、「明治期の水稲反収は最も不安定な状態」（加藤惟孝：1960：264頁）にあった。しかも、一般農民にとっては農村内における兼業もあまり開けておらず、農業にしがみつくしかなかったのである。こうした状況のもとで、農業収支は極めて悪化していた。その具体的事例を紹介すれば、次のとおりである。

〔事例1〕1883年の各種作物反当たり収支に関する調査

調査では費用として自家労賃を評価した場合としない場合の両者の反当たり収支を揚げていることが注目される。労賃を費用として計算した場合、米作1円87銭、麦類1円54銭の赤字となり、甘藷、実綿、煙草などは黒字となっている（中沢弁次郎：1924：34～36頁の表参照）。しかし実綿の生産量も「外綿の輸入により」「明治二十年〔1887〕から二十四年〔1891〕までのあひだに約四一・五％を激減した」（土屋喬雄：1942：31頁）。

〔事例2〕1887年の農事調査（大阪、山形、福島）

大阪の摂津国では反当たり収支は米作6銭6厘の損、小麦及び菜種はそれぞれ1円64銭1厘、28銭1厘の益であり、「米作における損失を裏作の菜種の益金によって埋合せ」（土屋喬雄：1940：75頁）、山形では米作は「差引二圓一六銭（大阪は六銭）の損失」（土屋喬雄：1940：77頁）であり、福島でも米作は赤字（東部地方3円42銭6厘、中部地方1円20銭5厘、西部地方2円60銭9厘）となっていた（庄司吉之助：1952：89頁参照）。

〔事例3〕1887年前後の農業状態（三重、岡山）

1888年の三重県伊勢国各郡では、上記府県と同じく、「反当り収支は各郡ともマイナスとなっている。それゆえ農民は裏作に期待をかけるか、或いは機織・草履裏の製作のごとき農間の余業に依存せざるをえなかった」（和崎皓三：1958：286頁）。1887～96年頃の岡山県可知村では「反収二石内外、反当小作料一.二～一.三石」と言われ、本郷村では「水田小作料は普通一石七～八斗であり、当時の水稲反収とほぼ同じ額であった」（斎藤英策：1978：123頁、151頁）と言う。

以上のように、徳川期の農民と比べても苦しい生活はかわらなかった。「新政権を遂行するのに妨げのない地方制度や、農民経済の如きに早急に手を触れる必要がなかった」（小野武夫：1941：12～13頁）からである。こうした状況は十分留意しておく必要がある。というのは、周知のように、明治前期には農業日雇賃金が工業賃金を規定していたとする論拠として1882年大阪紡績が初任給を払う際に、「男工には米二升（当時一升六銭位）を支給することとして初給を十二銭と定め、女工初給を七銭と定めました」（隅谷三喜男：1971：134頁）というように、米価を基準として定められたことが強調されるからである。隅谷三喜男は「米二升という賃銀水準は当時の不熟練＝日雇労働者ないし農業日雇の賃銀に外ならない……この賃銀は出稼その他の形態において賃労働が農家経済と不可分に結合していたことから、その生活水準の低さに規定されていた事情については言うまでもないが、同時にそれは資本の積極的な低賃銀政策に負うものであった」（隅谷三喜男：1971：135～136頁）と言う。

また暉峻衆三は、1880年代半ばの「当時の非農業的生産における被傭労働者の劣悪な雇用条件は、つぎにのべる農業部面における被傭労働者のそれと基本的に同質的であり、この段階の特徴はむしろ後者が前者を規定する関係にあったことである。そして、さらに、農業部門と非農業部門を貫徹する被傭労働者の劣悪な雇用条件は、のちにのべる低生産力段階における貧窮した零細経営農民、なかんずく債務奴隷化した小作農民の劣悪な就業条件と相互規定的な関係にあったのである。以上の点は、端緒的には日露戦争以降、本格的には第一次大戦以降、逆に工業のあらたな雇用条件が農業の雇用条件を、それと関連して小作農民の就業条件を規制しはじめたことと対比されなければならない」（暉峻衆三：1970：53～54頁）と言われた。

だが、さきにみたように、当時の工場のほとんどが村落にあったということ、労賃は当該社会の歴史的・自然条件に由来する生活水準を外的前提とすること、したがって、それが賃金の基準とされること自体なんら異とする理由はないこと、その生活水準は農村と都市ではなお大差はなかったこと（むしろ多少とも都市の方が高い）、そしてまた1882年の大阪紡の初任給が米価を基準にして定められた理由は以上の他に、当時のインフレーションによるところがあったと思われること、およそこうした理由から農業日雇賃金ないし農民の生活水準が工業賃金を規定していたと強調することはあまり意味があるとは思われない。

敷衍すれば、隅谷は、栃木県の一人当たり年間人民生計費の調査の数値をかかげて、「『工』の生計費が『農』のそれ上廻っているが、両者の生活条件および物価等を勘案すれば、その内容においては大差なかったといえよう。ということは職人の生活水準は農民のそれによって規定されていた、ということに他ならない」（隅谷三喜男：1971：148頁）と言われるが、それは性急すぎる結論であろう。『貨幣制度調査会報告』には、隅谷が用いられた栃木県の他に、群馬県と静岡県の人民生計費調査が表示されており、たとえば群馬県の備考欄には、1877年頃より「殊ニ伊勢崎、桐生ノ如キ工業地ハ他郡ニ比シ生計ノ程度大ニ高シ」（谷干城：1932：338頁）と述べていたからである（以上、この項詳しくは山内司：1974：47～50頁参照）。

ところで、千田正作のように、「賃金調査あるいは家族労働の評価……が実施されていたことは、当時すでに農業雇傭労働およびその労賃概念がいちおう成立し一般化していた一つの有力な根拠である」（千田正作：1971：21頁）と言うのは疑問である。なるほどこの時期「農事調査」などに自家「労賃」を費用として計上する調査がおこなわれた（たとえば、先の事例1～3）が、それはあくまでも擬制であり、観念上のことであって、実際に支払っていない点に留意しておきたい。この点にかかわって、「農家総収入の四割余というものは農民がこれを自ら生産し、かつ『現物』として支出しているのであって、いわば『商品交換』の埒外にある」（鈴木鴻一郎：1951：230頁）と鈴木鴻一郎が所説を展開した。この鈴木の所説を援用して氏原正治郎は「ここでの立論は、別の表現を使えば、農家経済においては、自家労賃という範疇は存在しないということである」（氏原正治郎：1966：455頁）と述べている。

この自家労賃というのは、K.マルクスが『資本論』第3巻第47章「資本制地代の発生史」において、「分割地農民にとっての搾取の制限として現象するのは…本来的費用を控除したのち彼が自分自身に支払う労賃にほかならない」（K.マルクス：1967：1032頁）という一文にかかわる。それは自家「労賃」範疇というのは、労働の対価というよりも、言ってみれば贈与交換、あるいは「ギブ＆テイク」のなかで、それで人たるに値する生活ができるかどうかという基準＝枠組なのである。生業（なりわい）としての農業で、労働意欲を持って生存を意識する主体として登場する、家族共同体機能の自覚という枠組といってもよい。これは＜共同体の論理＞に他ならない。もともと、農民には原価計算などという発想自体がなかったし、したがってまた生産費という概念自体もなかったのである[1]。

以上の意味で、私は自家「労賃」範疇の確立時点が日本ではいつかを見定めることは、あまり意味があるとは思えない。原論的には、自分の土地に自分の労働を投下する。人と自然の贈与交換であり、与える義務であり自然も人間に返してくれると、解釈してきたのではなかろうか。ただ、大正デモクラシー状況のなかで、那須皓がワイマール憲法から「所有権の社会的義務」（坂根嘉弘：2002：462頁）を強調したことが注目されるが、それはここでの課題ではない。

ただし肝要なことは、農民は「単なる業主」であって、提示された価格を「自ら動かし得るものとの自覚や気魄を持ち得ない」（東畑精一：1978：76頁）存在であって彼等は共同体のなかにあって、労働者は主人に対してポトラッチしているが、農民は労働者のように明確な意思表示をしないことにも留意が必要である。

(2) 農村と在来産業

ところで、ここで留意しておくべきことは、Ⅲ節で若干の整理を試みるが、在来産業が広汎に存在していたという事実についてである。1880年代から90年代にかけて、工場の都市立地傾向がみられた半面で、在来産業は農村部を中心に広範な展開をみせていた。それは多くは家内工業の形態をとっていた。資本制生産の発展のなかで工場制工業の生産額は一貫して家内工業のそれをうわまわっていたが、家内工業もまたそれなりの伸び率を示していたし、わけても所得額についてみれば、日露戦後恐慌頃までは家内工業のそれが工場制工業における所得額をうわまわってさえいた。その点は表1にみるとおりである。その家内工業において、製茶業を別とすれば、戸数及び労働者数で最大のものが織物業であった（表2及び表3参照）。ある意味で、明治期には近代産業と在来産業の二部門が均衡して発展した、つまり産業資本は在来的経済基盤に依拠しつつ、またそれを再編しつつ発展したとみることができよう。

家内工業的形態の織物業の再編についてみれば、①絹織物生産は、日清戦後、内需用生産地域（京都、群馬）は減少傾向をたどり、これに対して②羽二重が福井、富山などを中心に顕著な増加を示す。わけても04年を底とする国

表1　家内工業の地位（1888 ～ 1912）　（単位：百万円）

年	生産額		所得額	
	工場工業	家内工業	工場工業	家内工業
1888 ～ 92	169	126	48	76
1893 ～ 97	318	205	87	123
1898 ～ 02	550	401	154	228
1903 ～ 07	742	426	214	234
1908 ～ 12	1147	525	337	289

〔出所〕山田雄三編『日本国民所得推計資料』増補版,184 ～ 185 頁,1957 年。

表２　織物業の経営形態別戸数・機台数・職工数（1900）

経営形態	機業戸数	機台数		職工数
		力織機	手織機	
	戸	台	台	人
工　場	4,944	46,579	74,018	113,522
家内工業	146,130	3,070	223,129	240,464
賃 織 業	322,266	1,211	392,311	391,859
織　元	13,596	325	30,293	40,293
計	486,936	51,185	720	786,138

〔出所〕 渡辺信一『日本農村人口』212 ～ 215 頁、1938 年。
(1)「工場」とは職工 10 人以上使用工場。
(2)「家内工業」とは家族従事者・職工 10 人未満使用の機織場。
(3)「賃織業」とは「織元」の原料を受けて自宅で機織をするもの。

表３　労働力群の七階層編成（1889）

階層	人数	比率	部門
①「革新」としての「軍事機構＝鍵鑰産業の強靭なる基軸の職工」	42 万人	10%	官営工場・民間機械工場・鉱山など
②その「囲饒」としての「大工業の職工」			紡績
③それに「連なる関係」としてのマニュの職工			製糸
④以上の①～③の「第一の外枠」としての 10 人未満使用の「零細マニュ」「問屋制家内工業」	129 万人	29%	織物・製糸
⑤「第二の外郭」をなす「零細農生計補充的副業」である「商品生産加工的農家副業」	43 万人	61%	和紙・麦稈真田・畳俵・莫蓙・莞延
⑥「農家自家用生産」	26 万人		自家用製布
⑦「原始取得的農家副業」	198 万人		養蚕・製茶

〔出所〕 山田盛太郎『日本資本主義分析』改版 59 ～ 61 頁、1949 年より山内作成。

内消費の不振のなかで、07 年恐慌を境に、前者①ではその経営難は買継商から元機屋、さらに賃織屋へと、5 反～ 1 反経営の家計補助的零細農耕を営む賃織業者へしわよせがおこなわれた。後者②では羽二重用力織機の導入が加速された。

なお神立春樹によると、福井、石川がとくに顕著に発達した理由について「地域の農家一戸当たりの経営規模が小さく……他の水田単作地帯の北陸・東北諸県とは異なる豊富な労働力の存在……大規模地主が少なく、中小地主が優越する……このようななかで中小地主層による機業の展開があった」（神立春樹：1975：295頁）とされる。

綿織物生産は、90年代初頭に原糸は輸入綿糸から国内産機械糸に転換するが、当時は大部分が家内工業・農家副業としての賃織業であった。商人が加工委託を中小地主におこない、地主は土地を担保に織機を購入して小作貧農の子女を雇い賃織業を営む者もいた。しかし、1900～01年恐慌を転機に、小生産による農閑期余業としての兼業的織布業の没落、埼玉の青縞、愛媛の絣といった伝統的農村織物業の停滞、及び豊田式力織機の急速な導入と綿ネル・白木綿（朝鮮向け輸出）の増加が進む。わけても、07年恐慌のなかで、手織の減少と小幅力織機の導入、紡績工場による織布部門（生金巾・粗布）への進出が顕著となった。

ちなみに、伊予絣についてみると、綿作が輸入綿花により駆逐されて、それまで在来綿作と結びついていた伊予縞が衰退し、国内紡績糸を原糸とする伊予絣として再編され、農家副業形態をもって日清戦争前後に広汎に普及した。けれども、07年恐慌あたりから「家内工業形態が賃織化の傾向を示し」（武田勉：1963：52頁）、その頃から織戸数・生産額も減少に転じる。そこには「綿織業の産業革命を背景とした類似織物の市場圧迫により、伊予絣家内工業が駆逐的に衰退していく姿がある」（武田勉：1963：55頁）と言ってよい。これは愛媛県の余土村の一事例研究ではあるが、農村工業は衰退していくことが看取できるであろう。

もちろん、日清戦後の日本資本主義の確立によって、農村家内副業とその原料が打撃を受け、多くは地主の諸営業にかかる在来産業もまた衰退の兆しをみせることによって、以下にみるように農業再編成を余儀なくされていく。それだけに、小作貧農＝農村雑業層の生活はより深刻なものになっていった。だが同時に、〈共同体の論理〉も根強く存在したことにも注意しておくべきである。

（３） 農業経営の悪化

1890年代以降にはいって、いよいよ明確化してきたことは〈米と繭〉生産の増加といった作目構成である。この時期には耕地、とくに畑面積が増加し、農家戸数は西日本の減少、東日本の固定性がみられ、農業就業者、とくに女子の減少が進行し、自作・自小作農家の減少、小作農家の増加という数値は（梅村又次・山田三郎・速水佑次郎・熊崎実・高松信清：1967：216頁の「耕地面積」の表、218頁の「農業就業者と農家戸数」の推移を示した表、参照）、農業経営の悪化、貧農小作層の脱農化を推測させる。のちに考察するように、挙家脱農を困難とする労働力市場のもとで、農家戸数は停滞のまま、農村副業たる織物が紡績業の発展によって衰退の兆しをみせ、逆に農村が消費市場に転換させられ、かつ生産手段輸入のために生糸輸出が政策的に加速されるなかで、農民たちは貨幣収入確保の必要性から養蚕に特化していかざるをえなかった。しかも斎藤萬吉は「近年〔1887～1906年〕蚕糸業の進歩増加は、自然に生糸需給の消長及価格の高低より起これるものにあらずして、専ら地方農家困弊の極此増進を致したるに外ならず」（斎藤萬吉：1911：244頁）、と述べている。

これに対して、稲作面積は微増にとどまったが、関西では90年代に、東北・北陸では1900年代になると明治農法が導入され、関西は肥料多投を軸に東北の1.6石段階に比べて２石段階の高位生産力地帯を形成した。ところが、この関西にあっても収入を上回る支出の増加（農業労賃の上昇、肥料代の増加、租税公課の増大）によって反当たり所得は相対的に低下しているし、小作の場合には反当たり収支は一様にマイナスを記録している。東北の小作にいたっては反当たり収支が著しく悪化している。しかもこうした傾向は全国的な動向でもあった。斎藤萬吉は「普通労銀と自作及び小作者労銀の比較」を示す1890～1908年の表から「小作者一日の所得、すなわち労銀は、自作者に及ばざること遥に遠きは勿論、農村普通労銀にも及ばざる実況なりとす」（斎藤萬吉：1918：545頁）と指摘している。もちろんそこでの農家の経営規模はわからない。

石橋幸雄は、1902年の『稲田経済調査』から大阪府泉北郡農会調査の「稲田一反歩の生産費」を調べ、一日当たり労賃を約30銭と見積もり、自作の場合16円02銭の益、小作の場合2銭の益となる。これは「人口五万を有する堺市を去る一里半の場所にして一毛作田につき調査したもの」(石橋幸雄：1960：87頁) と言われる。また「地方農会の調査にかゝる田一反歩に対する明治卅九年の収支報告表」から、赤羽一は「小作人は黒くなって働きながら田一反歩に就き年々四円余の損をして居り、自作人は僅に二円七銭を利し、而して地主は懐手をして居ながら七円一三銭余を儲けて居る訳である」(赤羽一：1910：521～522頁) と述べている。

もっとも、資本主義の不均等発展のなかで、東北での貧農下層の農村内への堆積と、関西での都市下層社会への流出という動きによって、関西での方が一方的引き上げがむずかしくなってきた結果、地主所得率はわけても関西でより強く低下傾向を示している。しかし、ここで確認しておくべきことは、生産力上昇は農民経営の正常な発展、小作農民の剰余を結果する、したがって小作料の安定的収得＝地主経営の安定化ということではなく、むしろ費用価格の上昇によって、不安定化が増幅していく性格のものであった、ということである。その点は、**表4**に示した農民家計をみればいっそう明らかになるはずである。

同じ自作農であっても、その生産力水準の差から関西の0.9ha経営にほぼ匹敵する生活水準をうるためには、東北では約2倍の経営面積を必要とすることを確認したうえで、表示した自作の支出の過半が飲食費と肥料代で占められていること、教養娯楽費は皆無に近いこと、そのうえ負担額及び肥料代の増加傾向が著しいことに留意しておこう。

これに対して小作農の場合は、小作料率を考慮すれば自作並みの生活をするには自作の2倍近い経営面積を必要とするであろう。表示した1.3ha前後を経営する小作農は、飲食費と田小作料だけで支出の7割を占め、農業収入だけでは家計費をカヴァーできず、家計費の12～13%に相当する収入を被傭労賃、雑収入（わら加工、竹細工、炭焼き、運送など）に依存せざるをえない。それでも小作の家計収支は99年には16円のマイナスであった。およそここで表示した位の経営規模を持つ農民が小農下限に照応していると言える。いうまでもなく、これ以下の貧困層が日本では支配的であったことは当然留意

表4　農民の家計状態（1890 ～ 1908）

（単位 : 円）

自作農		収入			支出					収支	備考
		田畑	特用作物・園芸等	計	飲食費	肥料	負担額	衣類	計		
関西	1890年	152	37	228	85	30	18	16	202	26	田畑所有地 0.9ha　5.5 人家族（福岡・滋賀・島根の三ヵ村）
	99	243	68	368	142	54	28	26	312	56	
	1908	326	101	508	191	82	51	35	466	42	
東北	1890	206	21	263	88	42	27	23	247	16	田畑所有地 2.2ha　7 人家族（富山・秋田・宮城の三ヵ村）
	99	347	34	433	155	95	45	32	416	17	
	1908	459	37	560	182	110	80	39	553	7	

小作農	収入			支出						収支	備考
	米	雇労賃	計	飲食費（米代）	麦代	田小作料	買肥	衣類	計		
1890年	124	14	202	76（43）	14	67	15	8	199	3	田畑小作地は 90 年は 1.2ha,99 年・08 年 1.3ha,6 人家族（但し 90 年は 5 人家族）（27ヵ村平均）
99	180	20	303	124（66）	22	99	24	17	319	△ 16	
1908	292	27	471	178（99）	32	142	43*	17	462	9	

〔出所〕斎藤萬吉『日本農業の経済的変遷』499 ～ 501 頁、505 ～ 506 頁。『明治大正農政経済名著集』より山内作成。

（1）稲葉編「覆刻版農家経済調査報告書」36 ～ 37 頁、1953 年所収の数値では、＊印の数値は 42 円。

されねばならない。1ha 以下の貧農小作層は、林業や日雇労働、あるいは極悪な家内副業などに従事し、村内の相互扶助などによってかろうじて生存していたのである。「歴史を遡のぼればのぼるほどに小作料は飢餓的に決定される傾向をもったのではないだろうか」（大場正巳：1960：303 頁）と、大場正巳は言うのである。

農業経営の悪化についてはおよそ三点をあげることができる。第一点は、日清・日露戦争の戦後経営のもとでの著しい財政膨張と、それに伴う農村への重課、株式所有への軽課という、いわゆる資本擁護の租税政策の展開であ

表５　農業生産額に占める地租負担額（1891 〜 1909）

年	農業生産額 A	地租 B	地租付加税 C	(B+C)/A	租税一人当たり負担額
	百万円	百万円	百万円	%	円
1891	503	37	6	8.5	2.261
2	531	38	6	8.3	2.426
3	529	39	6	8.5	2.509
4	469	39	6	9.6	2.549
5	656	39	7	7.0	2.591
6	645	38	8	7.1	2.751
7	744	38	9	6.3	3.290
8	1,096	38	10	4.4	3.552
9	856	44	10	6.3	4.648
1900	944	47	12	6.3	4.936
1	950	47	13	6.3	5.057
2	896	47	14	6.8	5.374
3	1,170	47	15	5.3	5.190
4	1,214	61	10	5.8	5.743
5	1,048	80	10	8.6	6.927
6	1,257	85	10	7.6	7.760
7	1,497	85	10	6.3	8.751
8	1,462	86	12	6.7	9.052
9	1,314	76	14	6.8	9.286

〔出所〕大川一司・篠原三代平・梅村又次編『長期経済統計 第一巻 国民所得』二〇九頁、一九七八年。東洋経済新報社『明治大正財政詳覧』三九六頁、五三四頁、六五一頁、一九二九年より山内作成。

る（表５参照）。

この点について、中村政則は「土地所有に対しては重課、株式公債所有に対しては軽課ないし免除という資本擁護の租税政策が採用されることとなり、地主層は租税制度の面からするかぎりその蓄積資金を土地に投下するより、株式公債に投資することの方がより有利となる制度的保障を得たことになる」（中村政則：1972a：7頁）と言われる。果たしてこれを東北においても「制度的保障」と解することができるかどうか。中村のように地主経営の安定化を強調される場合にはなおさら疑問であるが、地主資金を土地投資に向ける制約要因となったことだけは確かであろう。

この関連でふれておくべきことは、1898年の第13議会で憲政党は地価修正（東北の低地価・近畿の高地価）を条件に第二次山県有朋内閣の地租増徴案（2.5%から3.3%へ）に賛成したことである。その理由は以下の点が考えられよう。第一には、表５にみるように農業生産額に占める地租負担率がこの98年まで傾向的に低下していたこと、この増徴案は5年間の時限立法であり、5年後には地租増徴が撤回され、地価修正地方は反当たり平均地価が引き下げられるという内容であったことである。第二に、国家による生産力増強政策がとられる見通しがあり、寄生化しはじめた地主にとって小作料確保がより容易になるであろうという期待が生じたことである。第三に、政党は軍拡を国是とすること自体については初めから反対していたわけではなく、地租増徴と引き換えに政権担当を目指し、地方的利益をひきだそうとしたこと、などによると言っていいであろう。また全国の商工業者たちも、1898年12月14日、渋沢栄一を会長に地租増徴期成同盟会を設立し、積極主義への転換を推し進め、軍備拡張と商工業発達のために増税を主張した。

1898年の煙草専売制、99年濁酒製造禁止、地租増徴と所得税法改正、1900年自家用醤油への課税、04年非常特別税法と05年の同税法改正、06年非常特別税法の恒常化といった一連の租税政策は農村経済を悪化させた。そのうえ、農村における諸税や諸負担においても、府県税及び町村税である地価割・戸数割や協議費・組合費等の増加率も著しかった。こうして、一人当たり租税負担額は1891年の2円26銭から09年9円29銭と約4倍に激増した（大川一司・高松信清・山本有造：1978：200頁の表）。GNPにしめる租税収入割合を求めると1891～98年の平均7.8%から1899～04年には平均9.4%へ、さらに、1905～10年には平均12%へと著増した（東洋経済新報社編：1926：651頁から算出）。平野義太郎は、すでに「戸数割の不納者は明治二十七年に二十七万五〇〇〇人、二十八年に十五万五〇〇〇人。『其貧困知るべきなり。其余に滞納処分を行ひ、以て租税を徴収するもの年々十二万戸、即ち六十万人程あるなり。故に合計すれば、二十銭の租税を納むる能はざるもの、年に百三四十万人』」（平野義太郎：1978：262頁）と言われていたのだから、戦後経営における租税政策については内ケ崎虔二郎が言われるように「農民は度重なる負担と貧困のみを得たのである」（内ケ崎虔二郎：1931：179頁）。

1909年3月、第25議会で荒川五郎は、こう指摘した。「農民ノ状態農村ノ有様ハ如何デアリマス……第一諸掛リハドウデアルカト云フト田租五分五厘ノ外府県税町村税等ノ公課ノミデモ地価ノ一割以上ニ及ンデ居リマス、之ニ所得税、区費、協議費、衛生費、学校組合費，水利組合費ト云フヤウナ必然ノ公課又準公課ヲ合シマスレバ実ニ一割三四分以上、一割五分ニモ及ブノデゴサイマス……日々営々トシテ終日夜ニ至ルマデ働イテサウシテ其得ルトコロノ米ハ大半公租肥料其他ニ供セラレマシテ、自ラ作ツタル米ヲモ食フコトガ出来ナイ……」（荒川五郎：1909：430頁）と。これが小作貧農＝農村雑業層の夜逃げ同様の、都市下層社会への流出である。

第二に、資本主義確立過程は漸次的ではあるが農家副業である衣料部門を解体し、交通機関の発達のなかで米穀市場をはじめとする流通機構の整備、つまり米穀取引所、米穀検査制度、産業組合の発達などをもたらし、それだけ農民経営の再生産は商品経済を抜きにしては考えられなくなっていった。それはまた、周期的に訪れる恐慌の打撃をより強く経営に与えることになった。この点は次節でふれることにする。

商品経済依存率の高さについては、斎藤萬吉の調査をもとに、大内は「農家支出における現金部分」を試算して次のように述べている。「日露戦争後には、自作のばあいにはすでに半分近くが現金化しており、小作のばあいさえ、小作料をべつとすれば四分の一が現金化していることがわかる」（大内力：1954：312頁）。ここでいう自作は2ha経営、小作は1.3ha経営の農家である。

第三に、農民経営が発展するためには、農産物価格が雇用労賃にたいして相対的に高い水準を維持しうるか、あるいは農業生産力が急速に伸びうるような条件が存在することであろうが、この期はそうした条件は失われつつあった。

米生産高よりも人口増加率の方が高く、しかも一人当たり米消費量も1893～97年0.93石から98～02年0.96石、さらに03～07年1.01石と着実に伸びたから（農商務省：1915：6～7頁の表）、米価は上昇傾向を示したのである（表6参照）。しかし、たとえば「明治中葉以来旧南部領ニ於テモ地主小作人間ノ封建的主従関係漸次希薄トナリ……雇傭労働賃金ハ明治中葉以来急激ニ

表6　米のバランスシート（1891～1908）

（単位：万石）

年	生産高	供給可能量	（うち飯米用）	輸移出入差引	庭先価格（石当り）
					円
1891	4,308	4,278	3,732	30	6.37
2	3,818	3,811	3,237	7	6.59
3	4,143	4,113	3,502	30	6.75
4	3,727	3,810	3,219	△ 83	8.12
5	4,186	4,176	3,524	10	8.21
6	3,996	3,990	3,228	7	8.89
7	3,624	3,753	3,058	△ 129	11.26
8	3,304	3,814	3,077	△ 510	14.06
9	4,739	4,671	3,967	68	10.44
1900	3,970	4,044	3,378	△ 74	11.43
1	4,147	4,239	3,467	△ 92	10.79
2	4,691	4,769	4,097	△ 78	12.02
3	3,693	4,217	3,671	△ 524	13.70
4	4,647	5,197	4,604	△ 550	12.56
5	5,143	5,681	5,167	△ 538	12.21
6	3,817	4,144	3,531	△ 327	13.98
7	4,630	4,928	4,259	△ 298	15.66
8	4,905	5,195	4,495	△ 290	15.19

〔出所〕大川一司・篠原三代平・梅村又次編『長期経済統計　第六巻　個人消費支出』一五二～一五三頁、一九七八年より山内作成。

騰貴シ雇傭労力ヲ以テスル農業経営ハ収支相償ハザルニ至リシヲ以テ、従来大面積ノ手作ヲナシタル地主モ漸次自作ヲ廃スルニ至レリ」（農林省：1934a：122頁）と言われるように、米価を上回る雇用労賃の上昇は地主手作り経営の縮小ないし廃止という動きをもたらした。とはいえこの期は農民の生活権意識は未確立であり、家族共同体としてのまとまりも十分ではなく、ただ生きるために地主から与えられた条件にそのまま従ったから小作料問題は顕在化しなかった。

なお、表6にみるように、日清戦後には米の恒常的輸入国に転化した。これにかかわって留意しておくべきことは、わけても日露戦後経営の一環として植民地経営が重要な課題となり、日露戦後の慢性的不況下での米価低落（1907～10年、13～16年）にもかかわらず植民地米移入が要請されたことである。だが、それもすでに松本俊郎が「日本市場における朝鮮米の割合は、村上の計算根拠にもとづいても〇.七％（1909年）、〇.三％（1910年）ときわめて小さいものであった」（松本俊郎：1983：324頁）と言っているとおり、村上勝彦のように「日露戦争以降は」「朝鮮が日本にとっての食糧・原料供給基地として定置された」（村上勝彦：1975：235頁）と言うにはあまりにもネグリジブルであった。日露戦後には生産手段・原綿輸入による貿易赤字が著しいものになり、戦後経営をおこなっていくうえで外貨の確保・節約は至上課題であった。世界史的には重工業へ蓄積基盤を移した資本主義世界のなかで、ようやく軽工業を軸に資本主義化した日本は、イギリスとドイツのような対立的関係にはいたらなかったが、また農業を国外に排除し、自らは工業国に特化するほどの競争力ももちあわせてはいなかったのである。

1909年3月16日、第25議会で浅野陽吉は農業保護関税について、「吾々ハ農業商業者工業者其他一般労働者ノ利益ヲ犠牲トシテモ此国ハ地主ヲ保護シナケレバナラヌノデゴザイマセウカ…我国現在ノ国富策ハ独リ内地ノ購買力位ニ依頼シテ宜イトキデゴザイマセウカ、私思フニ広ク海外ノ市場ヲ相手トシテ広イ海外ノ購買力ヲ相手トシテ、即チ輸出ヲ増進シテ国ノ富ヲ図ルベキ時期デアルト思フノデアル，然ルニ米ガ足リナイ国ニシテ関税ヲ三倍モ上ゲテ而シテ米ヲ成ルベク入レマイトスルコトハ果シテ国ノタメニ利益デゴザイマセウカ」（浅野陽吉：1909：452頁）と、述べている。

農業保護にかかわる議論は日本資本主義の再生産構造と深い関連をもっており、単に地主的利害によっているわけではない。そしてまた、産業構造の重層化は資本に多元的な利害要求をもたらしたのであって、低米価要求が一貫した資本の共通利害であったわけでもない。それはたとえば、金肥増大にみるように肥料商など商人資本から言えば高米価の方が望ましい、といったことを想起すれば十分であろう。

米需要の増加に対応するためには、基本的には自国内の農業・農村を「植民地」化、換言すれば食糧及び製糸原料の供給基地化することで、つまりサーベル農政と言われるように、国家による農業生産支配を強化することで再生産構造を維持しなければならなかったのである。在来農法の変革が90年頃より始まり、1900年代に入ると宮城県でも02年、05年の大凶作を契機に耕地整理、肥料多投のための耐肥性品種の導入といった体系が確立する。「大正初年頃には小作農にも商品経済の深化が金肥購入を強制し、かくして、土地所有の階級序列に照応した生産力序列がくずれ、地主にとっては小作料に寄生する方を有利とさせていった」(梶井功:1961:30頁)。だが、農民経営の発展を展望しうるほどの内実をもっていたわけではもちろんなかった。

国家による農業生産支配——食糧増産政策は財政政策とならんで、日清戦後、農工銀行法(96年)、耕地整理法・農会法(99年)、産業組合法(1900年)などを通しておこなわれ、府県レヴェルでも生産・技術面への直接的介入としておこなわれた。たとえば、短冊苗代の強制(96年鹿児島・宮崎・愛知、02年兵庫、03年福島、08年広島)、米穀乾燥に関する取締規則(02年富山、05年秋田)、田稗抜取りの命令(07年富山)、晩稲の禁止(07年岩手、08年福島、09年茨城)といったごとくである。ちなみに、03年の福島県令第3号は「稲苗代ハ幅四尺以内ニシテ、相互ノ間隔八寸以上ヲ存スル短冊形トナスヘシ、違フモノハ一円九五銭以下ノ科料ニ処ス」(庄司吉之助:1978:149頁)、とある。これは害虫駆除予防法(96年)にもとづく螟虫予防対策の一環であったとしても、かなり権力的である。

この時期には、食糧自給を達成することが国家的利害から要請され、それは食糧増産政策として展開したが、米価政策としてはあまりみるべきものはなかった。しかも、既述のように米価や生産力の上昇も農家経済の好転にはつながらなかったのである。米を購入せざるをえない小作貧農層＝農村雑業層から言えば、ますます挙家離村を促進するものであり、都市下層社会への逃亡を意味した。

Ⅱ　都市雑業層

（1）　農村雑業層の向都離村

こうして農村経済の悪化が進行するなかで、農村雑業層の都市下層社会への流入が進んだ。都市下層社会は、天保期以降の幕藩体制の動揺のなかで徐々に形成されつつあったが、決定的なものは地租改正事業の展開と、士族・卒族・地士を含めて200万人近くの秩禄処分とその後の松方デフレによる影響であった。すでに1871年の「戸籍表では数字の正確はともかくとして、穢多四五六,○○○余人、非人八二,○○○余人と録されている」（吉田久一：1981:86頁）。また1869年の「東京市中人別調査では町方惣人数五〇三,七〇〇余人中、富民（地主地借）一九六,六七〇人程、貧民（借）二〇一,七六〇人程、極貧民（御救戴候者）一〇三,四七〇人程、極ゝ貧民（救育所入相願候者）一,八〇〇人程」（吉田久一：1981：84頁）とある。

松方デフレの影響はマイエットによれば、「一人に付平均三一銭の〔地租〕滞納金の為に」（ペ・マイエット：1893:240頁）、1883～90年に強制処分を受けた農民36万8千人、備荒貯蓄金の救助を受けた者は1881～90年に約50万人とされている。

『興業意見』は言う、「昔時農家ノ田畑ヲ愛スルコト非常ナルモノニシテ、一家退散ノ大不幸アルニアラサレハ他ニ土地ヲ譲リ渡スコトナシ。……然ルニ今日ハ戸長役場ニ日トシテ抵当売買ノ公証ヲ乞フ者ナキハナシ」（前田正名：1884:96頁）と。また福島県調査によれば、「明治十八九年頃ニ至リテハ米価非常ニ下落シ一層困難ヲ加ヘ、破産者続出復タ救済スヘキ術ナク、於是乎土地ノ売買随テ起リ、貧者ハ益々貧シク富者ハ益々富ミ、貧富ノ懸隔弥弥甚シキモノアルニ至レリ」（谷干城：1895：653頁）と。[2]

こうして、この1880年代の不況期において農民経済の悪化が進行し1890～1910年代に約100万人と推定された年雇の流出や、季節雇などの夜逃げ同様の挙家離村が進行した。彼らは都市下層社会へ流れ込んでいった。一家離散である。

『朝野新聞』は1888年に「目下人民の惨状は、実に酸鼻に耐えざるほどにて、数年来人民困危の四字に飽き、新聞紙上またその報道を欠くゆえ、地方はやや生気を生じたるなど云う者あれども、決してしからず。なかんずく農家は実に父子老幼四方に離散するほどなり」(『朝野新聞』1888年8月10日刊)と報じている。

そういうなかで、都市への流出について大阪府の事例をみれば、土屋喬雄は1887年農事調査書から次のような引用をしている、東成郡では「兼業」に従事する者は農家4,387戸のうち4,615人にのぼり「中等以下ノ小作人ハ従前農家ニ日稼スル者多カリシカ、近時大阪市街ニ諸工場起リ、其賃銀農耕ニ比スレハ多額ナルヲ以テ挙テ工場ノ被雇ニ赴カントスル傾キアリ……婦女子ノ取ル所ノ絲紡キモ亦器械ノ為ニ大ニ其数ヲ減シ、紡績男子ハ諸工場其他ニ、女子ハ燐寸製造其他ノ新事業ニ漸次転業セリ」(土屋喬雄：1940：88頁)と。西成郡の調査からは土屋喬雄は「紡績工場は、一方においてその製品の荷造りに要する縄，莚の需要を増加してそれによる農家の収入を増し、他方において従来多数の農家の営んできた綿絲紡ぎを急速に奪っていった。……それと同様に紡績工場の男女工の需要が著しく増大し、農民の家内労働を工場労働の方へ移動せしめることゝなった」(土屋喬雄：1940：89頁)と述べている。この結果、大阪市街部(四区)人口は1882年から89年に33万人から47万人と14万人の増加を示すが、このうち入寄留5万人から16万人へと11万人増加し、しかもその過半が他府県からの入寄留であった(高村直助 1971：135頁の表)。

これを大阪名護町の事例にみれば、大我居士(桜田文吾)は「戸口は本年〔1888年〕」9,989人、「明治十九年より二十二年に至る四年間の重なる移住民の数〔4,155人〕を列挙すれば山城、大和、河内、摂津、紀伊の六州よりして……多数に上れり」(桜田文吾：1890：108頁)と言い、1888年の鈴木梅四郎の 調査(『大阪名護町貧民窟視察記』)によれば、名護町での生計費は老人1人(60～70歳)と子供(10歳を頭)及び夫婦の5人家族を前提とすれば、一日当たり家族生計費は上等13銭4厘、中等11銭3厘5毛、下等8銭4毛で、これが「大体に於て間違なかるべし」(鈴木梅四郎：1888：150頁)数値という。名護町における1893年現在の職業は、大我居士（桜田文吾）によると、雑業6,301人、紙屑拾1,569人、乞食1,006人、燐寸職990人、無業121人（桜田文吾：1890：110頁）と指摘している。

東京でも、四谷鮫ケ橋、下谷万年町、芝新網などは江戸時代から乞食・くず屋・芸人などが住み着き貧民窟を形成していたが、松方デフレと90年恐慌のなかで、旧武士層、旧職人層、未解放民などはもちろんのこと、乾坤一布衣は『最暗黒之東京』で「越中、越後、加賀、越前等多くは北海道」（松原岩五郎：1893：37頁）からの流入者が堆積するなかで再編されたという。『朝野新聞』に載せられた『東京府下貧民の真況』1886年、によると「西方にて貧民の最も多く巣居を構へたるは、四谷鮫ケ橋町若しくは麻布谷町及び箪笥町等なり」（著者不明：1886：55頁）、北方にては浅草の「松葉町に次ぎ…下谷の万年町なるべし」（著者不明：1886：59頁）、「南方にては芝の新網なり」（著者不明：1886：60頁）と指摘され、その職業については「人力車引、日雇、左官の手伝い、紙屑買い、軽子、其外にも種類あれど、其女房は大抵ガラス大の壊れを買ひ歩き婆々は家に留守を為しながら糸車を操るか、『マッチ』の箱を張り、一日二、三銭の手内職をなし、辛く其日を送り行」（著者不明：1886：62頁）くという有様、と報じている。

こうして形成された貧民窟は、行政側のスラム・クリアランスによって再編成されていった。たとえば、大阪名護町は1886年のコレラ流行を契機に一府の対面上から長屋建築規則（86年5月）及び宿屋取締規則（同年12月）を制定して木賃宿の強制退去を実施（取り払い処分1890年）、名護町は再編され、周辺村落にスラムを再形成していくことになる。1897年に大阪市の市域拡張により東成郡、西成郡の28ヵ町村の大部分を編入、翌98年4月宿屋営業取締規則を出すことによって、大阪市・堺市では木賃宿の営業はできなくなり、スラムは外延的に拡大された。そのうえ内国勧業博覧会（1903年）のため、01年から道路拡張・スラム除去がおこなわれ、いっそうスラムは拡散し、今宮村（現、釜ケ崎）、天王寺村、難波村といった貧民窟が新たに創出されていった。東京でも1881年に神田橋本町の全地買い上げがおこなわれ、日清戦後になると、神田、日本橋、京橋などが都市化していく半面、スラムは都心を環状に包囲する形で外延的に拡大した。

1891年当時、東京での貧民窟として、四谷区の鮫ケ橋町・箪笥町、淺草区の松葉町・田島町・北松山町・北清島町、下谷区の万年町2丁目・山伏町、芝区の南新網町・北新網町の他に、本所区の吉岡町・吉田町・横川町・北双葉町・新井町、深川区の大島町・蛤町1～2丁目・黒江町、本郷区の元町1～2丁目、小石川区の音羽町1～7丁目などが登場する（呉文聰：1896：36～39頁）。

1896年には、下谷区の万年町1～2丁目・南稲荷町、浅草区の松葉町中通り・清島町の一部・浅草町（木賃宿44軒）、芝区の新網町（南町・北町）、四谷区の元鮫ケ橋町・鮫ケ橋南町・鮫ケ橋谷町1～2丁目、本所区の花町（木賃宿42軒）・小梅業平町（木賃宿25軒）、深川区の富川町・霊岸町（木賃宿42軒）、豊多摩郡の内藤新宿町、北豊島郡の三ノ輪村などが貧民窟としてあげられる（『時事新報』1896年10月11日刊）。1915年の著作のなかで、賀川豊彦は次のように述べた、曰く「近年東京の貧民窟の郊外の方へ移って行く勢いの早いことは実に驚くべきことで、これまで三大貧民窟と云われた下谷万年町も、四谷鮫ケ橋も芝新網も今は殆ど形を失ひ、今日では本所横川町、長岡町、浅草町、玉姫町、今戸町、新谷町の貧民窟などが貧民の低度の激しいものとなり、新宿の方にも貧民窟が現はれ、巣鴨にも現はれ、王子にも現はれる様になった。此の傾向は大阪に於ても同様である」（賀川豊彦：1915：86頁）と。

(2) 都市貧民の拡大と賃労働者化

横山源之助は都市下層社会を、細民――貧民――窮民の三範疇に区分したが、その中核は土木建築人夫、日雇人夫、人力車夫などの不熟練かつ不規則な肉体労働に従事する貧民であった。四谷鮫河橋・下谷万年町・芝新網は三大貧民窟とよばれていた。

横山は「本所深川両区及び浅草区の細民、貧は即ち貧なりと雖も、以下将に挙げんとする貧民部落の如き甚しきものは少なく……且たとひ浅草区に松葉町あり安部川町ありと雖も、百戸千戸群をなせるはなく、集れるといふも数十戸処々に小部落を見るに過ぎず」（横山源之助：1899：22頁）と指摘している。

また松原岩五郎は1893年に、「浅草に於て安倍川町、松葉町より西方一帯の場末、下谷広徳寺裏町、神田に於ける三河町、本所外手町以東の辺鄙、芝浜松町、深川に於ける高岡八幡の近傍は、所謂府下労働者の巣窟にして、其外各区の場末場末に散在する者亦少からず。一朝事あるに当っては区毎に五、六百人の人数を繰出すに差支へなしといふ。この大衆せる人数皆其の親方なるものに隷属して勝手に就業するを許されず、親方は此社会の小隊長にして棟梁とも言ひ、稍威権あって配下四、五十人を引率するを以て相当なる顔役となす…而して其仕事の重なるものは、府下の土木課より計較さるる道路の修繕、橋梁の架替、水道工事, 溝渫へ、逓信省の事業に属する電話機の架設、其の他諸官省諸会社の土木事業、町家の屋普請等」(松原岩五郎：1893：108 頁)と、指摘している。こうした土木人足や日雇人夫の他に、人力車夫が多きを占めるが、すぐのちにみるように、また松原自身も言うように、下層社会の最大のものは手工業者、職人の存在であった。

ちなみに東京では、『日本労働運動史料』第 2 巻（1963 年）の解説では、「明治三十年『東京府統計書』によってみれば、東京十五区の人力車挽二万四, 七三二名、日雇および労働者一万九, 〇七六名、土方一, 〇六七名…また明治三十九年の『京都府統計書』についてみても、京都市内で日雇および労働者一万九, 三五二名、京都府では四万九, 一二九名」(労働運動史料委員会編：1963：288 頁）と、報告されている。構成比から言えば、手工業者・職人のウェイトはかなり高かったことになる。というのも、日本の原蓄過程はイギリスのようにドラスチックに多数の浮浪者や、疫病・老衰などにより生計のたたない窮民を生み出すよりは、小生産者のままで全体としての窮乏化が進行し、都市及び農村雑業層の堆積がなし崩し的に進行する側面が強かったからである。当時の労働力市場は極めて限られており、局地的労働力需要に対応して通勤兼業労働力として、あるいは都市下層社会に堆積して小営業や家内労働の諸部面に労働機会をみいだす他はなかったのである。

松原岩五郎は 1893 年にこう述べている、「東京に一つの煙突なく、東京に一つの蒸気々関なし。然れども是を以て東京を工作の地にあらずとなす事勿れ……単に余が奔走して得たる所を以てすれば、本所区内一万八千戸の戸数中に就いて、大工、左官、塗師、染物等一廉の職業を帯びたる者及び会社通勤の職工を除き単に這般、手工者として日に二銭以上、一六銭迄の工賃を得て就業する者実に八千人の多きに達す､内小児婦人を合して三分の二を占む､而して数人共働の一家族にして専ら此種の手工を以て家計を営む者、最下層の家々を点検して大率千五百余戸に及ぶ､神田の一部分､及び浅草の場末は所謂居職人の巣窟とも言ふべき所にして此辺亦手工業者の数の衆きを見る……一切の内職的工人を通算せば、大都百万の人衆其三分の一は悉皆手工者の群れに入るものといふべし」(『国民新聞』1893 年 10 月 29 日刊) と。

もちろん、資本制生産様式が浸透するにつれ、従来の親方徒弟制はくずれ、出職人は請負制のもとに、居職人も問屋制のもとに再編され、わけても日清戦後ともなれば、年期の短縮化と職人徒弟制の一般化、事実上の賃労働者化が進行した。

すでに 1891 年には「現今職人社会ノ有様ハ秩序紊レテ一定ノ規律ナク為メニ技術ハ日月ニ衰退シテ賃銀ハ次第ニ低落シ殆ンド収拾スベカラザルノ状況ニ至レリ」(筆者不詳『印刷雑誌』第 1 巻 2 号、1891 年 2 月 6 日刊) と報じられている。日清戦後には、横山が報じるところによれば、職人層は一部は没落し、一部は工場労働者に転化し、あるいは出職人 (大工、左官など) は出入先との「主従的習慣は漸次消滅して受負に性質を変じ」「棟梁と配下の職人としての間柄も一時的にして昔日の親分子分の関係消滅し、唯だ金銭的関係を有するのみ」(横山源之助：1899：78 ～ 79 頁) となり、彼らは請負人に雇傭される事実上の賃労働者となった。また居職人 (錺職、下駄、鼻緒、袋物、蒔絵、煙管、提灯づくりなど) は問屋のもとに従属し「純然たる労働者の階級に下り」(横山源之助：1899：75 頁)、家内労働者に転化した。

ここで留意しておくべき事は、職人的秩序の分解と再編、賃労働者化が進行したと言っても、ただちに、いわゆる細民層たる工場労働者に転化しえたわけではないことである。ちなみに「明治二十三年、東京では市郡合計で、一七四工場のうち、郡部には三一工場 (一二. ○ %) が存在していたにすぎない…郡部は純農村地帯という性格」(小林正彬：1972：377 ～ 378 頁) をもっていたのにたいし、「大阪は二十三年現在、二六九工場の市部・郡部合計の工場数に対して郡部の占める比重は高く、堺市を入れて一八九工場 (七〇. 二%) に達する」(小林正彬：1972：378 頁)。 横山が「東京市百千の内職仕事、職人の下に使役せらるる日傭取人足、車夫車力等下等労働者は大略本所深川の両区より供給せらる、特に本所区は工業なき東京市にては最も工場多き土地なるが故に、恰も大阪市に於て見ると等しく工場労働者たる細民を見ること多きは最も注目に足るべし」（横山源之助：1899：19～20頁）と述べ、さらに「東京の貧窟に工業直接の労働に服する職工を見ること少なきは異とすべし、新網の如き付近に芝浦製作所あり、瓦斯会社ありといえども、実際職工として工場に出て居るは、僅に十二、三人に過ぎず、大阪の貧民窟に職工を見ること多きの比に非ず」（横山源之助：1899：30頁）としているのは、大阪は維新前から綿業を基盤に発達しており、東京のように郡部は純農村ではなかったからであろう。

わけても重工業大経営では、生産技術水準の格差の大きさから、職人層の伝来技術を基礎に「職人ノ雇入ニ当リテ……務メテ其業務ノ相近キモノヨリ採用スベシ例エバ木工ヲ造船工場ニ鍛工ヲ錬鉄工場ニ採用スル類ノ如シ」（海軍工廠編『横須賀海軍船廠史』1915：98頁）というように、その見込みのある者から募集した。そこへは貧民層はごく一部しか登場しえなかった。1898年4月15日号の『労働世界』に片山潜は、「府下の細民最も多数なるは言ふ迄もなく日傭取人足なり。人力車夫の数五万に出で居るを見て多数と言ふものあれ共日傭人足の数実に三倍四倍の数あるべし」（片山潜：1898　：96頁）と述べている。

敷衍すれば、当時経営による労働統括は親方請負制の形であって、「徒弟ハ工場主ニ対シ直接ノ関係ヲ有セスシテ其工場ノ重ナル職工ニシテ自宅ニ徒弟ヲ宿泊衣食セシメ其徒弟ヲ率ヒテ工場ニ通勤シ而テ徒弟ノ労務ニ対スル報酬ハ凡テ親方タル職工自ラ工場ヨリ受取ル」（農商務省：1902：208頁）というのが重工業大経営で一般的にみられた。

日清戦後の経営拡大のなかで、生産技術の高度化が旧熟練の分解・職種の分化・専門化をもたらし、従来の親方による子方の雇用管理・作業管理・賃金支払いに大きな権限をもっていた親方請負制に対し、経営側がその矛盾を手直しする形で請負賃金の配分について規制を加えるにいたる。だが、経営側が雇用・日給の決定権をもち、作業統括上の親方＝職長として直接管理体制へ組み込む、いわゆる職長制が成立するのは日露戦後のことである。後述のごとく、この日露戦後において都市雑業層の工場労働者への転化が進行するのである。下層社会の構成員、雑業層にとっての大きな転機は日清戦後の本格的な資本主義恐慌と日露戦争の勃発であった。

1897年恐慌は、都市下層社会にのみ打撃を与えたわけではない。その点は12県の窮乏状況を報告した内務省『細民生計の状況』が貴重な資料を提供している。なお、横山による97年調査の人力車夫、祖母と2人の子供の四人家族と、98年調査の旋盤工、妻と子供の三人家族の一ヶ月家計費を表示すると表7のごとくである。旋盤工（36歳）は雑収入なく月収16円25銭（10時間労働で25労働日×65銭）、支出は雑費をのぞいても20円54銭である。これに対して人力車夫の月収13円（26労働日×50銭）で、かなりきりつめても支出は13円77銭と、いずれも赤字であった。ただこの表7では、米代金が異常に高く示されているように思われる。

貧民堆積のなかで、第10議会（97年2月）では大竹寛一らによって「恤救法案」（市町村による公的な救済義務）・「救貧税法案」（有産者へ名誉税としての課税を財源とする）が出され、また第16議会（02年2月）にも安藤亀太郎らによって「貧民救助労働者借地人保護ニ関スル建議案」・「救貧法案」が上程されるが、いずれも貧困は本人の怠惰によるものであり、その救済は親戚隣

表7　家計費構成（1891 ～ 1909）

旋盤工		人力車夫	
家賃	4円	家賃	1円20銭
米	7円60銭	米	8円58銭
薪	2円50銭	炭	90銭
石油	19銭	薪	75銭
蔬菜	1円50銭	石油	24銭
肴	1円60銭	おかず	1円50銭
酒	1円（5升）	朝の汁	60銭
味噌・醤油	50銭		
髪結	35銭		
湯銭	30銭		
子供小遣	1円		
雑貨（被服・草履など）	3円		
合計（雑費をのぞく）	20円54銭	合計	13円77銭

〔出所〕 横山『日本の下層社会』四二頁、二三二頁より山内作成。

保による慈善心にまかせるべきだとして否定された。それはまた、彼らを貧困状態にしておくことが真面目に働かせることにつながる、とする産業資本確立期の労働者観に由来していたと言ってよい。

すでに日清戦後、96年、99年、01年と三回にわたって増税がおこなわれていたうえに、1900～01年恐慌がそれに追い打ちをかけた。そこでの失業の増加を、「凄惨の声」と題して『平民新聞』社説は次のように報じたのである、曰く「学生といはず、商工者といはず、職工といはず、車夫といはず、其他官吏や議員や農夫や其他万般の社会、亦皆な其職を維持するに急ならざるはなく、一たび其職を失へば之を求むるに急ならざるはなし。而して之を求めて得ざる者常に十中八九にして、其結果、彼の凄惨の聲は実に是等の幾千万の愕然たる腹中より絞り出さるるものに非ずや」(『平民新聞』1903年11月22日刊) と。

さらに、日露戦争の勃発がまた膨大な貧民を生み出した。『平民新聞』は04年4月17日には「戦争が生める窮民」と題して戦争による倒産や女工の娼妓への転落など各地の状況を報じ、『東京日日新聞』も8月12日には職人層の没落と転業を伝えている。『直言』は、斎藤兼次郎のルポ「下谷万年町の貧民窟の状態」を05年7月2日～23日に連載し、その悲惨さを伝えた。幸徳秋水は「書くも憂し、書かぬも憂し、恐ろしく驚かるる別世界の生活の様」(幸徳秋水：1909：91頁) と「東京の木賃宿」のなかで表現した。

彼ら貧民は政治的共同体 (国家制度) から隔離されていただけでなく、人間的本質からもはるかに孤立させられていた。それゆえ、悲惨な・八方ふさがりの閉塞的状況のなかで、職人・工場労働者・商人・日雇人足などを中心として05年9月、日比谷焼き討ち事件となって不満は爆発したのである。そしてそれは06～07年争議へと発展した。それは賃金引き上げを要求して、軍工廠や財閥系の造船所や鉱山に集中して発生した。

そのうえ1900年から07年の人口は東京市150万から215万人、大阪市88万から112万人と増加し、それは一戸当たり都市家族世帯員の減少傾向に反映されるように、農村経済の悪化 によって農村雑業層の子弟が単身で向都離村した結果の人口膨張であった。実際、1903年には横山は「今日の木賃宿に止宿しておる夫婦者で、ほとんど百人は百人まで東京戸籍はあるまい」(横山源之助：1903：198 頁）と報じた。日清戦後と異なり、日露戦後は企業勃興のきざしがみられず、07 年 1 月には株価が暴落し、10 月のアメリカ恐慌を引き金に輸出激減・金融ひっ迫がおこり 07 ～ 08 年恐慌に突入した。解雇者の続出と賃金の低下、職場秩序の混乱のなか、職場規律のいっそうの厳格化がこの過程で進行した。労働力市場が縮小し移動が困難になっているなかで、貧民はいっそう拡大再生産されたのである。

日露戦後の 05 年には『平民新聞』は 1 月 29 日、第 64 号、赤刷り終刊号をもって姿を消すが、その後『直言』を発行するが、これも 05 年 9 月発行停止となる。その後継紙『光』は「東京市内の失業者数（約七万八千余人 !)」（『光』1906 年 2 月 20 日刊、社説）と題する記事を載せ、不況による失業 7 割、それは職業別には元職工（その多くは鉄工）が五割、元日雇人夫が 2 ～ 3 割を占め、年齢別にみると 20 ～ 30 歳台の壮年労働者が 7 割を占めていると報じた。もって貧民の苦境を知るべきであろう。

（3） 工場労働者の登場

ひるがえって言えば、1890 年代に都市下層社会に堆積された貧民の子弟たちが、この 1900 年代には見習い職工として、あるいは工場人足として浮上してくるのであった。横山は『東京の工場地及び工場生活のパノラマ』において、日露戦後には「親分的職工は，殆ど見へない」（横山源之助：1910：12 頁）ようになり、「孰れの鉄工場でも、工場職工の約三分の一、若くは約二分の一の労働人夫あるのが通例」（横山源之助：1910：14 頁）と言う。生産力高度化のなかで、旧熟練の分解、親方職工の平職工化が進み、日雇人夫・雑役夫の需要が増大した。職人層も日露戦後には分解を完了し、その若年層は工場労働者なり日雇労働者へ推転し、中高年はスラムへ転落していった。1907 年に比べて、1911 ～ 12 年になると、東京市では細民層（本所・深川・下谷・浅草分）から「鉱工業」人口及び「その他有業者」が多く析出されている。この細民層の世帯主の出生地は約 7 割が地方であった。

津田は細民戸別調査の分析を通して「所帯主（男）の職業別分類」の表をつくりその表によると、男所帯主 5,478 人中、工業従事者 42%、交通従事者 24% を占めている（津田真澂：1972：84 頁）。また「有業家族（女）の職業別分類」の表をつくりその表によると、妻（女子有業家族4,500名）の92%は「被服及び身の回り品製造」・「綿及糸類製造」を中心とした工業従事者であったことを明らかにされている（津田真澂：1972：95頁)。さらに津田は細民個別調査の「『本所・深川調査』の非現住者一，一二九名中……『所帯主及其配偶者ノ直系卑属及其配偶者』の有業者が九一七名なのであるから、非現住有業者すなわち現住所帯主の実子は現在、職業を有していることが分かる」（津田真澂：1972：168頁)。ここから非現住有業者989名（所帯主22名と家族有業者の合計）のうち「女子（四一二名）では……女中及び以上の店での雇人が大部分を占めていることがまったく明らかである。これに対し、男子（五七七名）では、『鍛冶及鋳物職』五五名…要するに徒弟及見習に相当数が住みこんでおり、商店等の丁稚奉公人（四四名）や家庭の労務者（五一名）よりも多数を占めていることが分かる」（津田真澂：1972：168頁)。つまり、津田によって工場労働力市場に「貧民窟」住民との関連が示されたのである。

1886年当時、『東京府下貧民の眞況』によれば、「何れの貧家にても小児は七、八歳以上となれば、男は府内の町屋に、女は上州辺りの機織に遣はして、年期金を取るを通常となせば、大抵貧家には七、八歳以上の小児居る事稀なり」（著者不詳：1886：60頁）と指摘された事情と比べて、いまや貧民の子弟から徐々に経験をつんで熟練労働者に浮上する者があらわれたことは注目に値しよう。

ちなみに、宮地は、1900年7月から10年7月までの調査で家庭崩壊した貧民層を収容した「東京市養育院感化部生徒の父母またはその他扶養義務者の職業別一覧表」を示し、413人中、日雇人足（19%)、職人（16%)、農業（15%)、商業（11%)、行商人（2%)、その他（18%)、不明（19%)（宮地正人：1973：203頁の表）と指摘する。

スラムへの転落の半面、たとえば神戸造船所の雇入者は06年度には1,090人中193名（17.7%）が雑業出身者にすぎなかったが、12年度には1,628人中602名（37.7%）が雑業層で占められるにいたった（兵藤釗：1971：308頁、及び中西洋：1977：82～83頁の表）。三菱本社『労働者取扱方ニ関スル調査』1914年によれば、1912年に雇入れた長崎造船所の職工人夫2,527人の前職は、農工商業及日雇人足898名（35.5%)、長崎市及其付近工場・若松佐賀福岡小倉方面各工場･大阪神戸方面各工場の労働者847名（33.5%）、解職後他に就職せず再入場した者123名（4.9%）、学生235名（9.3%）、艦船乗組員44名（1.7%）、その他380名（15%）であった（三菱本社：1914：120頁の表）。雇入人員の半分強は不熟練職種を前職としていたのである。

もちろん､その圧倒的多数は不熟練労働力であったことは言うまでもない。**表8**によって､1910～11年における「工人」（重工業大経営における熟練労働者）と細民の生計費をみると、工人の収入は月17円83銭であるが、細民のそれは12円48銭である。これは**表7**の横山源之助（1899:42頁、232頁）による1897～98年時点の家計費構成、旋盤工の家計費20円54銭、人力車夫13円77銭よりも悪化してさえいる。

既述のように、07～08年恐慌後の、ひきつづく慢性的不況のもとで、設備更新と生産力高度化を軸に経営側は労務管理を強化し、この過程で大経営における福利施設・共済制度の導入による熟練労働力の確保と待遇面での一部労働者の子飼い化が進み、この結果、中小零細企業を含めて圧倒的多数の不熟練・未熟練労働者との格差は拡大したのである。

表8　「職工」と「細民」の生計（1910～11）

	工人の生計（1）	細民調査（2）
世帯人員	人 4.1	人 3.5
	円	円
実収入	22.29	15.56
世帯主収入	17.83	12.48
世帯員収入	4.46	3.08
実支出	22.15	16.72
飲食費	11.86	8.95
うち副食費	5.12	
住居費	3.84	1.97
被服費	1.70	2.90
雑費	4.89	2.90
過不足額	0.14	-1.16
食費率	53.5%	53.5%

〔出所〕森喜一『日本労働者階級状態史』一七四頁、一九六一年。
（1）稲葉「工人の生計」（一九一〇年七～十二月調べ）旋盤・機械・鍛冶職三八〇〇名。
（2）内務省地方局『細民調査統計表』（一九一一年）下谷金杉町。

しかもすでに1907年に、田添鉄二は日刊『平民新聞』において「自作農者の破産は、踵を接して至り、自主自営の農民は年々其数を減じ……而して此の憐むべき遭難者は、昨日まで自己の背後にありて、血と汗との苦役を忍びつつある小作人＝農奴の群れに入るか……都会に出て賃銀労働者となるか、或は一家離散して天涯地角、身を天に委する漂浪移民となるかの一つである」（田添鉄二：日刊『平民新聞』1907年3月21日刊）と述べた。そのうえ失業の圧力があった。『社会新聞』は09年に「今や七〇万の工場職工中事業不振の為に失業せる者二割として一四万人あるべし。而して之に各種工業労働者約二百万の労働者中の失業者は少なくとも五〇万人に下らざるべし」（『社会新聞』1909年2月15日刊）と報じた。また、『社会新聞』の「大阪通信」は09年に「両三年以来の不景気は尚ほ挽回せずして去年十月中旬より益悲境に陥りつつある大阪商工界は今や頂点に達して、商工は休業同様にて、取り分け鉄工所海運業者は非常な打撃を蒙り、破産者は続々として現われ、解雇せられ、工場は閉ぢ……今や大阪に於ける失業労働者は十万以上の多数に上りつつある」（『社会新聞』1909年4月15日刊）と指摘した。

Ⅲ　労働力編成の構造

(1) 日本における労働力編成

以上のように、都市雑業層も農村雑業層以上に貧困状態にあった現実こそが留意されるべきであろう。

日本のように対外的に（政治的・経済的に）自立を図りながら資本主義を発展させようとする場合、国家による交通・運輸・金融面での整備とともに、世界市場における生産力格差から初発から株式形態をもって高度に発達した輸入機械・技術体系の移植を不可避とするのであった。そしてそれは、対内的には重工業及び紡績業の突出した生産力体系として、在来産業とのギャップを大ならしめるだけでなく、部門間の有機的関連を欠くことにより必ずしも在来産業を駆逐することにならなかった。

そうはいっても、たとえば紡績業はまず原料面で国内綿作を駆逐し、在来紡績を再編し、それを通じて雑業層の賃労働者化を加速した。製糸業においても、アメリカ市場と結びつくことで農村における養蚕と絹糸の社会的分業を形成し、これまた農村の潜在的過剰人口を顕在化した。そのうえ、農村重課の財政政策を重要な資金的槓桿とした重工業も、対外的競争力の点では極めて貧弱であったがゆえに、その量的拡大が困難であっただけでなく、その資本の有機的構成の相対的高さのために労働力需要もネグリジブルであった。重工業としての先端的産業部門からはじきだされた相対的過剰人口は、いきおい地主制を支えることになるだけでなく、中小企業、在来産業にその生存基盤をみいださざるをえない。

ちなみに、1886年の鉱工業人口192万人のうち10人未満の職工・鉱夫のウェイトは94.3%（181万人）、1900年の鉱工業人口343万人のうち10人未満の職工・工夫のウェイトは84.8%（291万人）、1909年でも鉱工業450万人のうち74.4%（335万人）を占めている（山田雄三：1957：152頁の数値から計算）。このウェイトは5人未満についてみても大差はない。たとえば津田は、1907年の「東京市工場規模別労働者数」の表を作成し、工業人口（労務者）の約7割は5人未満規模の零細工場労働者、職人徒弟、家内工業従事者であったことを明らかにし、「従来往々にして十人以上職工の工場で事を論じてきた観察は大幅に訂正されねばならない」（津田真澂：1972：41頁）としている。

ドイツについて、長坂聡は「一九〇七年に経営数で八割をしめる極小経営は、就業者数では二二％をしめるにすぎないのに対して、経営数でわずか〇．〇五％の極大経営は就業者では一二．九％をしめ、大経営への労働者の集積が顕著である」（長坂聡：1961：108頁）と指摘されている。ここで、極小経営とは5人未満経営を、極大経営とは1,001人以上の就業者からなる経営を指す。この後進資本主義国ドイツに比しても圧倒的な極小経営とそこへの圧倒的な労働者の堆積、さらに10人以上規模における、わけても一握りの1,000人以上規模工場における労働者の著しい堆積、たとえば09年に紡績37工場に職工数の91%、船舶5工場に職工数の70%、57鉱山に鉱夫数の77%という集積に注目しておかねばならない。

こうした一握りの巨大経営と圧倒的な零細経営・マニュファクチュア経営の共存という事実は、世界資本主義の規定的な影響のもとで急速に先進諸国に追いつく必要があった日本資本主義の位置に由来する。こうして、確立期の日本資本主義は豊富な相対的過剰人口を背景に農業と在来産業を有力な蓄積基盤としつつ発展をとげることになった。

若干の敷衍をするならば、資本家的大経営、わけても重工業大経営では、その突出した輸入機械・技術水準ゆえに一貫した生産体系をとりえず、多分に手工熟練的な労働力に依存せざるをえず、したがってまた労働力市場の企業的封鎖性がなお弱くそのもとで社会的地位の低かった労働者が企業間移動をすることで経験と勘を身に付け、やがて自らも小工場主になろうとする志向さえ産み出した。

補足的に言えば、この時期の「渡り職工」の存在をもって、いわゆる産業資本段階の「横断的労働力市場」の存在と同一視すべきではない。原論でいう部門間移動の自由、つまり「渡り職工」は金融資本段階の世界資本主義に包囲されたなかで、早熟的に産業化を進めなければならなかった日本資本主義の就業雇用構造と、そのもとでの低賃金が生み出したものだからである。したがってまた、表9に示すように勤続年数の短さは「出稼ぎ型」といった労働力の供給形態に由来するわけでもない。第一次大戦のなかで重化学工業が定着していく過程で、それに照応する企業別熟練形成がおこなわれることによって勤続の長期化が生じるのであって、この期にはその熟練形成は多分に流動的でありえたがゆえに、そしてまたすぐ後にみるように、当時の資本蓄積のあり方に由来する劣悪な労働条件ゆえに、勤続年数の短さをもたらしたのである。

それはまた都市及び農村の過剰人口が雑業的労働力市場と深い結びつきをもち、景気変動の如何によっては大工場なり中小企業なりの労働者として浮上することもありえたことを意味する。ただし隅谷三喜男が農民層分解における push 理論と pull 理論を「(都市) 雑業層」でつないでいることは周知のとおりであるが「農民層分解には農民層分解自体の論理が存在し、賃労働需要もこの論理に屈折されて自己を貫徹する」(隅谷三喜男 : 1965 : 140 頁) と言われるのは疑問である。pull があれば必ずしも push が対応して社会が動くわけではないからである。「農民層分解自体の論理」とはそもそも何であろうか。

留意しておくべきことは、世界市場における競争のためには先進資本主義

表9　1900年前後の勤続年数

（単位：%）

	1年未満		3年以上		備　考
	男　工	女　工	男　工	女　工	
石炭山	49.4	51.1	18.9		採炭夫
銅／銀 銅山	34.8	38.4	33.2		採鉱夫
鉄工場	47.6		30.3		呉海軍造船廠
〃	49.6		26.9		三菱造船
紡績工場	42.4	47.3	19.8	16.4	紡連報告69工場
製糸工場	39.0	33.7	31.4	28.9	長野県205工場
織物工場	41.1	42.0	23.9	20.4	福井機業他
〃	38.6	45.8	28.2	19.2	金巾製織
ガラス工場	25.0		60.0		大阪硝子同業組合
セメント工場	30.7		28.1		4工場
マッチ工場	30.5	34.1	31.9	26.7	8工場
タバコ工場	33.8	48.0	35.9	14.9	8工場
印刷工場	42.1	51.3	27.3	15.2	16工場

〔出所〕『日本労働運動史料』第1巻362～364頁、『職工事情』第1巻71頁、187頁、267～268頁、第2巻11頁、56頁、100～101頁、137～138頁、191頁、221～223頁より山内作成。

(1) 勤続者を100とする割合。

国からの生産手段の輸入が急務となるが、その固定資本の大きさは資本の回転を速めることにより投下資本当たり利潤率を最大にするように要請するがゆえに、さなきだに労働日の延長、長時間労働と低賃金が加速されることである。しかもなお、資本主義的生産様式の重工業、紡績業などへの充用の結果、これらの分野では職種の細分化、熟練の分解とならんで婦女子労働力による代替をも可能にさせ、労働者家族をも労働力市場へ投ずることによって、賃金を圧迫する。そのうえ、そうした機械制工場の労働力需要は極めてネグリジブルであったから、彼らを近づきやすいすべての産業部門に流れ込むことを余儀なくさせ、労働力過剰をもたらし、それがこれら諸部門の低賃金を構造的に規定したのである。単に地主制によるという把握は一面的なのである。

この底辺に、５人未満規模の零細企業・家内工業が膨大な堆積を為し、人夫・日雇など雑多な職業に従事する都市及び農村の雑業層との間に一種の所得均衡が存在したのである。これらの零細経営は都市及び農村の雑業層と深い結びつきをもち､小経営はこうした停滞的過剰人口をバックに大経営に｢心細い依存」をしており、それだけに圧倒的多数をしめる零細経営・マニュファクチュア労働者は極度に不安な日々を送らざるをえない。わけても家内工業の諸部門では周期的に訪れる景気循環のなかで、恐るべき過度労働に従事しているかと思えば、明日はルンペンと化すかもしれない運命なのである。不熟練労働力と密接な関連をもつ雑業層が最も徹底した搾取と収奪、抑圧を受けているにもかかわらず、彼らの健全な思考を台無しにしているものは、解雇・失業という経済的な奴隷用の鞭のゆえであった。

こういうわけで、世界資本主義に規定された資本蓄積のあり方が産業構造の重層性をもたらし、これに対応する形で**表３**に示した労働力群の七階層編成が形成された。そのことはまた、当時の基軸的産業が繊維産業であり、そこでの工場労働者の中心が婦女子・幼年労働者であったことを含めて労働者をも一つの階級として定置させるものではなくて、一握りの特権的な・エリート意識をもつ労働者と、そうではない労働者層とに分断することにも寄与した。この過程は、経営による労働者の直接的管理体制への移行のなかで、企業体内にも発生するが、労働力群の編成を別の意味でも重層的なものにした。

(2) 労資関係の特質

こうした点を多少重複するが労資関係の枠組から整理しておこう。

これまでみてきたように、日本資本主義はその初発から早熟性と後進性をひきずりながら、先進国からの有機的構成の高い産業を導入したことが相対的過剰人口を大ならしめ、そのうえ世界市場における競争力を欠くことで国家的保護を槓桿として、わけても紡績資本を軸として国民の社会的生産＝生活様式の編成替えを通じて農村や都市の産業予備軍を活性化したのである。

しかし、そのさい紡績業では鉱山業や重工業とは異なり、輸入機械を用いて初めから婦女子の不熟練労働力に依拠することが可能であり、ここでは経営による直接管理が進行した。これに対して、重工業などではその輸入技術の跛行性や旧来の水準との落差から、親方請負制のもとで職人層の賃労働者化及び若年労働力の陶冶によるしかなく、しかもその手工熟練的性格から労働力統轄も間接的たらざるをえなかった。そのうえ労働力需要も多くはなかったから、農家の次三男は鉱山、土建業などの日雇人夫や商家の丁稚などになる他なかった。また、紡績業などでは不熟練労働力で足りたとはいえ、その労働条件の悪さから女工不足は顕著であった。この時期、就業人口の圧倒的部分はなお自営業種であり、その分解も微弱であった。労働者もまた身分制的秩序を色濃くまとい、労働力商品の販売者として自己限定できず、経営者もまた既述のように、労働の秩序を親方請負制や納屋・飯場制などに依拠せざるをえず、そのことがまた恣意的な職場管理者、親方職工、納屋・飯場頭とのトラブルを引き起こすことにもなった。

日清戦後の経営拡大に伴う熟練労働力の不足、労働力移動＝渡り職工の増加、女工争奪の激化のなかで、経営側は出来高払制、定期職工制などの導入、納屋制から世話役制への移行、拘置的寄宿舎制の導入などを通じて直接的管理体制を志向する。この時期に、国家の労働政策として〈民法―治安警察法―工場法〉体制が意図されるのであるが、これに先立つものは職工募集取締規則の制定であった。この期に法構造として国家による労働力商品の創設・維持機構が整備され、経営による労働者の専制的支配を補完したのである。

労働力商品の再生産過程として〈労働力市場過程――労働過程――生活過程〉に対応するものとして、〈職工募集取締規則――工場法――救貧法〉は、確立期日本では職工募集取締規則の制定にとどまった。農村及び都市雑業層の広汎な存在と、彼らがともあれ在来産業にとどまりえた限りで、もちろん徐々に彼らのなかから工場労働者に転化するパイプも用意されていくのであるが、社会秩序維持のための窮民対策は最小限ですましえたわけであった。つまり、日本の資本主義化は浮浪者やルンペンを大量に創出するほどドラスチックにおこなわれたわけではなく、なし崩し的に進行したがゆえに、日清戦後、救貧法案も度重なる流産となるのであった。ただし、職工募集取締規則には同盟罷業禁止規定が含まれている点は留意に値する。

わけても、軽工業（紡績業・製糸業）の発展を軸として重工業化が補完され、したがってまた軍事工業的発展が可能となる、というメカニズムのもとでは軽工業分野における労働力確保は重要な意義をもっていたのである。ここでは資本間競争と徹底した労働者酷使による剰余価値取得の増大を目指す動きが一般的にみられた。国家は労働力取引における「仲裁」者として職工募集取締規則を通じてあらわれただけではない。明治民法を通じて戸主の人格を承認しながら、妻の人格を否認したように、雇用契約もまたそれがともかくも労働者の意志によって結ばれたという点ではすぐれて近代的なものでありながら資本には営業の自由を認めながら、労働者には人格の承認ではなくその否定としての労働力販売の自由を強制していくものであった。

労働力の商品化は、しかし同時に、労働者を単に労働能力をもつ物とみなす資本の労働者観を〈共同体の論理〉により修正を余儀なくさせるのであり、事実、この時期は鉄工や印刷工にみられるように労働組合組織化を通じて、人格をもつ自由な人間として、みずから労働の意思を持つ者として、自己の社会的存在を意識しはじめる動きが進行したのである。日清戦後の本格的恐慌が労働者としての意識を持った労働者を生み出し、かくしてストライキの頻発を未然に防止すべく、資本の要求を先取りしたものが1900年の治安警察法であった。その第17条こそは、労働力商品の販売の自由という枠組から一歩でもはみ出る可能性のある者に対して強力を加える、国家の労働政策の要に位置したのである。

ちなみに、普通選挙運動と労働運動との関係について言えば、日清戦後に普選を通じた政治参加による労働者の地位改善として、わけても治安警察法制定後に展開されるが、それは十分なものとはならなかった。片山潜は『平民新聞』において03年に「労働問題焦眉の急務は治安警察法の廃止運動に在り」（『平民新聞』1903年11月22日刊）と主張した。それはやがて労働者の地位向上の手段として、政治活動に必要な前提として普通選挙権の獲得運動へと発展した。ところが、この運動は圧倒的多数を占める不熟練労働者層をひきつけることはできなかった。なぜなら彼らは政治運動に参加するような余裕そのものを有していなかったからである。

また、日露戦後の労働運動がいわゆる労働者なき社会主義運動として現実離れしていったのも、何も官憲による弾圧のみによったわけではない。宮地正人が指摘するように「平民」系社会主義は、幸徳秋水にみられるように「『魚農を務め、工芸を好み、以って独立の生を営』む者こそが社会の中核たるべきで、労働者はその堕落形態だった（したがって、救済の対象にすぎない）のだが、これは、この後の社会主義者の基軸的発想でもあった」（宮地正人：1973：222 頁）とすれば、労働者階級との距離ははるかに遠かったわけである。独立自営の職人層が中核たるべきだというのは注目すべき論点の一つである。

国家は、そうした運動とは無縁のところで、アジアをめぐる対外的契機から軍拡財源を安定的に確保するために実業家層を組み込むべく選挙法改正を意図（1900 年衆議院議員選挙法改正）したのである。

こうした国家の労働政策に支えられながら、帝国主義国間の対立のなかで日本資本主義は急速に発展していく。その過程において、国家官僚が国防上・衛生上の理由から執拗なまでに労働力保護を要請するのであるが、それが工場法（1911 年公布、16 年実施）であった[(3)]。

工場法はしかし、神聖なる私有財産に対する国家的介入であり、営業の自由に対する介入である点で、蓄積を制約するものと映じたのだから、経営側は猛烈に反対した。わけても紡績・製糸・織物業においては経営の死活を制するものとして反対した。しかしながら重工業大経営においてはそのニュアンスは異なる。ここでは日露戦後の「主従の情誼」の後退のなかで、対外的競争上、労働強度を高めることによって相対的剰余価値生産を増進させようとしたから、事実上、共済組合を中核とする企業内福利施設、個々の経営の実情に応じた企業内養成制度の導入をはじめとする経済的裏打ちを伴った「家族主義」的主従関係の再編が推し進められた。したがって、重工業大経営では、工場法が意図した労働力保護がおこなわれつつあったのだから、かえって工場法の導入によってこうした良好な関係が破壊されるのではないか、という危惧に由来する反対であった。

こうした産業ブルジョアジーの重層的な利害関係を反映して、工場法の適用は 15 人以上規模工場に、さらに 12 歳未満の就業禁止と 15 歳未満及び女子の 12 時間以上の就業禁止、そのうえ製糸業などには例外規定を含むといった、微温的なものにとどまらざるをえなかった。鉱工業人口の 7 割が 5 人未満規模工場の労働者で占められ、そこでは従来通りの労働時間の延長と労働内容の強化を手段とするような絶対的剰余価値生産の追求が意図されており、専制的な労資関係が存続したのである。

小　括

以上みてきたように、労働力移動に注目すれば、1880年代の農民層分解、農村経済の悪化と都市下層社会への流入、1890年代の農村雑業層の都市下層社会への堆積と拡大、1900年代の都市雑業層の賃労働者としての浮上が明らかである。ところが同様な認識を示される隅谷三喜男が、それにもかかわらず「日本の農村は、くりかえし農家家計の補充のため、その子女をかかる製絲マニュファクチュアへ送りだした」(隅谷三喜男：1971：173～174頁）と言われるのは納得できない。つまり、「出稼ぎ型」労働力論のように、工業賃労働者の供給源が農村からの「出稼ぎ型」労働力として永遠に供出していたという仮説は支持しがたいのである（この点は、次章で検討する)。

今少し述べれば、1880年代、工場の多くは村落に立地していた。そして、織物業を典型として農村家内工業の形態をとっていた。他方で農業収支の悪化が進行し、地主のもとの年雇労働者が農村から流出していく。季節雇の夜逃げ同様の挙家離村がおこる。こうして大阪や東京などの都市下層社会への流出がみられたのである。

1890年代に入ると、工場の都市立地傾向が進み、紡績業の発展により織物業の衰退、生糸輸出の増加のなかで養蚕が盛んとなり、日清戦後になると、〈米と繭〉生産が増加した。この時代は、資本擁護の租税政策や国家による〈耕地整理法――農会法――産業組合法〉などによる農業生産支配と府県レヴェルでの生産・技術面での直接的介入などによって、農村経済は悪化し、農村雑業層の子弟の都市下層社会への流出が進んだ。

他方で、90年代には親方徒弟制はくずれ、職人徒弟制が一般化し、職人の一部は工場労働者に転化した。日露戦後には職人層の没落、大経営による直接管理体制が成立する。この頃には、都市雑業層の工場労働者への転化が進行する。

1900年から07年に、東京市は150万人から215万人、大阪市は88万人から112万人へと人口増加がみられたが、それは農村雑業層の子弟が単身で向都離村した結果であった。中川清も「細民調査統計表」から大正初期の「細民」について、「世帯主および配偶者層の大半が地方出身者であるのに対して、幼少年層の四分の三以上が東京市内生まれである。したがって、地方からおそらく単身で流入した男女が世帯を形成し、東京市でその子供を生み育てるという軌跡を典型として把握することができよう」（中川清：1985：46頁）と指摘している。「出稼ぎ型仮説」や「挙家離村型」といった把握を不可能にすると言われているのである。

1900年頃を境として、それまでの農村雑業層の挙家離農による都市下層社会への流出というパターンは弱まった。彼ら雑業層の子弟は1900年代には日雇人夫や雑役夫として、やがて不熟練労働者として工場労働者として登場したのである。もちろん、07年の東京市鉱工業人口（労働者）の7割は5人未満規模の工場労働者、職人徒弟、家内工業従事者であった。同時に、貧民窟も第一次大戦にかけて都市郊外へと拡大していった。1912年に横山源之助は「貧街十五年間の移動」のなかで、「総じて日清戦役前後には、鮫ヶ橋等のほか余り見なかった襤褸の世界が、今や巣鴨に、大塚に板橋に、日暮里に、三河島に、千住に発散したのは今日の状況である。他方では工場職工、工場附属の人足、または例の燕の如き放浪人足は、深川本所の場末に拡がっているのである」（横山源之助：1912：278頁）と言っている。

こうして一握りの資本家大経営では直接管理体制が進行し、職種の細分化、熟練の分解が進み、これと対照的な圧倒的多数の膨大な零細企業・家内工業との多層構造は低賃金・長時間労働を構造的に創り出したのである。この時期、〈民法――治安警察法――工場法〉といった諸法、わけても1900年の治安警察法第17条こそは労働力商品の販売の自由という枠組からはみでる可能性のある者にたいして強制力を加える国家の労働政策であった。こうした枠組のなかで、都市と農村との雑業層の間に、一種の均衡状態がもたらされた。

〈注〉

（1）「自家労賃」については、労働の対価あるいは自分自身に支払う賃金と考えるべきではない。Vとは本来他人労働のVであって、一定の労働に対して一定の報酬が得られるが、農民の場合は自己労働を強化させるにすぎない。したがって、「自家労賃範疇の確立」というのも、通説とは異なり、私は家族共同体としの自覚、生活を守るための自己防衛意識の確立と解釈したい。その含意は、V= 自家労賃とする把握は農民のVは都市労働者の所得水準と一致しなければならないということ、及び. 小農民の行動様式にも「投資の可逆性」が当てはまり、〈商品経済の原理〉が 100% 通用するという理解を含んでいると思われるからである。しかし、現実には土地もなく自給もできない貧困農民は入手した貨幣で生存最低ラインの必需品を購入して生存し続けるという構造のもとにあるという実態がある。したがって、本来ならV= 自家労賃、という概念を放棄したいが、Vを以って自家労賃とする言い方が一般的なので、あえてVを使うが、それはかなり限定的な意味であることを断っておきたい。

（2）なお、庄司吉之助（1952 年、第 12 章第 1 節の伊達郡・宇多郡などの事例）を参照した。

（3）工場法制定過程については労働運動史料委員会編『日本労働運動史料』労働運動史料刊行委員会、1968 年、第 3 巻、178 ～ 205 頁の解説を参照した。

第２章「出稼ぎ型」労働力論批判と米価構造

近代日本経済史の研究では「出稼ぎ型」労働力論に立って、一方的に農村の貧困を強調し、それを地主制に求める傾向が根強い現状である。その「出稼ぎ型」賃労働について、大河内一男は次のような含意をこめられていた。

「農業労働の主体は従来どおり農村に置いたまま、農家世帯の一員だけが——つまり娘や『次三男』だけが——出稼ぎ労働という形で、一定期間、出身農家をあとに離村することになった」、「娘たちの場合には、契約期間がおわればたちまち出身の農家に戻り、そこで結婚し……農家の主婦として野良仕事に明け暮れることである。『次三男』の場合もまた……多くは景気の上昇期の何ヵ年間、賃労働者として働きはするが、不況が訪れれば、かれらはたちまち仕事を失って出身の農村に「帰農」……した。そして……次の景気の訪れを待って、またいつの間にか農村から姿を消した」。「日本の場合には、西洋とは異なって、『自由な』賃労働の形成が一挙的に『農民離村』という形では行なわれず、農村経済の近代化がおくれたため、零細農民が土地からはなれて一挙に離村流出することなく……明治・大正時代の農家の娘たちの『出稼工女』としての流出、第一次大戦後から昭和にかけての農村の『次三男』の出稼ぎ労働者としての流出など、いずれも、同じ背景のもとにつくり出された日本的な賃労働型だったのである」(大河内一男：1966：39～40頁)。

このうち、隅谷三喜男は「従来、賃労働の形成については、農民層の分解→賃労働の形成という直接的な関係が理論的に設定されてきたが、歴史的事実は、とくに一九〇〇年以前にあっては、農民層の分解→都市下層社会への沈殿→賃労働の形成という関係をしめしている」(隅谷三喜男：1967：32頁)と、事の真相に近づきながらも「出稼ぎ型」労働力論を否定されていたわけではない。これにたいして並木正吉は「もともと好況期に流出し不況期に還流するというシェーマを内容とする出稼ぎ型労働力類型」(並木正吉：1959：151頁)を統計的に批判されていた。

問題は女子労働力であり、たとえば暉峻衆三は「戦前は、地主制制縛下におかれた債務奴隷的小作農民層を基盤とする低賃金労働力の排出——前借金制をともなう身売り的な、そして『出稼型』のものが多かった」(暉峻衆三：1980：297頁)と言われている。ところが、講座派に批判的な大内力らもなぜか「一般に日本の賃労働者が低賃銀その他の劣悪な労働条件によって特徴づけられるのは、主としてこの出稼型賃労働にもとづくものであった」（椙西光速・加藤俊彦・大島清・大内力 :1970a :121 頁）と積極的な評価をされているのである。それは賃労働の供給側の条件が一方的に労働者の労働条件を決めることを認めることにつながる。ここでは需要側の雇用政策は軽視されることになる。

本章の目的は、離村して都市に流入する流出型ではなく、一時離村はするがやがて農村に戻ってくる大河内の言う還流型の女子労働力が果たして検出できるかどうか、それが農産物価格や小作料水準にどういう影響を与えているかを検討することである。なお本章では､「農村雑業層」とは農業だけでは生活のできない５反未満経営の小作貧農及び非農業経営体としてさまざまな農村雑業に従事する者と定義しておく。両者は論理的に同一だからである。

Ⅰ 「出稼ぎ型」労働力の検出はできるのか

(1) 農民層の動向

「労働力編成の構造」の枠組を前提にして、農村雑業層の動向にできるだけ焦点をあてながら「出稼ぎ型」労働力が検出しえるかどうかを検討しよう。

はじめに、農民層分解の動きをみておくことにする。この確立期の経営規模別動向のわかる資料は『農事調査票』（1888 年）と『農事統計』（1908 年）しかない。これによると、近畿型における上層（1.5ha 以上経営）の減少と中層（0.8 ～ 1.5ha 経営）・下層（0.8ha 未満経営）の増加、東北型における上層・中層の増加と下層の減少、という動きが進行したようにみえる。

周知のように、この確立期の農民層分解については、①大内力に代表される両極分解を主張する見解[(1)]と、②中村政則に代表される両極分解を否定する見解[(2)]が、依然として対立している現状である。結論から言えば、「両極分解」とは近畿型と東北型を合成した結果の幻覚だったのである。

中村政則は『農事調査表』と『農事統計』を府県別に構成されて､「第Ⅰ群は五反未満零細経営の比率が高く､『寄生地主化率』が高く、かつ水稲反収の高い〈近畿型〉、第Ⅲ群は、第Ⅰ群とちょうど対照的に三町以上大経営の比率が高く、『寄生地主化率』が低く、かつ水稲反収の低い〈東北型〉、その中間に千葉、埼玉、群馬、長野を中心とする〈養蚕型〉が位置する」（中村政則：1978：138頁、及び中村政則：1975：20頁参照）と分析されている。なお綿谷赳夫は米反収と大農（3ha以上経営）との逆相関、米反収と寄生地主化率との相関を指摘されている（綿谷赳夫：1959：218頁参照）。ただし、こうした相関関係をもって地主経営の成立＝小作農民経営の安定的再生産、を主張することは性急過ぎると考える。

所有規模別にはどうか。斎藤萬吉の「稍々良好なる農村」28ヶ村平均の所有地別農家戸数の調査によれば（斎藤萬吉:1918:438〜440頁参照)、すべての階層で下方に向かって分解の度を深めている。それも戸数が微増するなかで、田（畑）無所有戸数の割合が1890年→1908年に、33.4%（35.5%）→38.6%(40.9%)と増加していることに留意しておきたい。これに0.5ha未満所有規模農家を合わせると、農家の約7割に達する。これらの農家は後にみるように小作地を借り入れるなり種々の雑業に従事するなりして、その生活を維持しなければならないことになる。

そこで経営規模別の動きとあわせて考えると、近畿型では0. 5〜1ha所有者層を分岐点に両極での増加が進行するが、経営規模は無所有・農村雑業層の都市への流出結果として1.5ha以上層での頭打ちと、他方では零細小作農の増加としてあらわれた。1890年代からの地価上昇は新規購入土地の投資利回りを低下させ、土地購入よりも借地による自家労働力の完全燃焼へと農民を向かわせた。東北型では、土地喪失による全般的落層が深化するなかで、無所有の増加に反映する農村雑業層の堆積としてあらわれた。小作地借入を通して農業にしがみついていく0.8ha以上経営の増加と、副次的には、それ以下の・極貧的離村による経営の減少が進行した。

以上のような分解形態が進行したのはなぜであろうか。かりに〈商品経済の原理〉で農民労働力が供給されるとすれば、その供給価格は表10のようになるであろう。犬塚昭治のように「労働力移動を規制するものとして、農業労働一日当り所得は、農業労働力の価格水準を一般的に表示する」（犬塚昭治：1967：103頁）とする見解もあるが、それは一面的であろう。経営主体ではない農家の次三男女の場合はそうだとしても挙家離農のケースでは、その移動を規制するものはV部分のみではない。そこには土地や家の所有がかか

表 10　農民労働力の供給価格（1890 ～ 1908）

（単位：円）

年		挙家離農の場合			単身流出の場合			
		1890	1899	1908	1890	1899	1908	
自作農	全国 (1.9ha)	0.79	1.22	1.74	0.16	0.24	0.35	
	関西 (0.9ha)	0.60	0.95	1.24	0.11	0.17	0.23	
	東北 (2.2ha)	0.65	0.98	1.23	0.09	0.14	0.18	
小作農	全国 (1.2 ～ 1.3ha)	0.40	0.60	0.95	0.08	0.10	0.16	
鍛　冶　工		0.25	0.45	0.68	0.18	0.34	0.53	日雇人夫
大　　　工		0.27	0.51	0.81	0.13	0.22	0.25	製糸女工

[出所]　稲葉編『覆刻版農家経済調査報告』36 ～ 37 頁、及び大川・篠原・梅村編『長期経済統計　第 8 巻　物価』243 ～ 245 頁、斎藤『日本農業の経済的変遷』499 ～ 501 頁、505 ～ 506 頁より山内作成。

(1)「労働者」の 1890 年の数値は 1892 年のもの。

(2)「挙家離農の場合」の供給価格とは、農業収入から肥料代と諸負担（小作の場合は小作料）を差し引いた農家所得を 300 で除した一日当たり可処分所得。

(3)「単身流出の場合」の供給価格とは、農家所得を家族人員で除した数値。

わっており、容易に離農はできないはずである。利潤動機の〈商品経済の原理〉ではなく、生存動機の〈共同体の原理〉が働いているからである。

さて表示した規模の農民は、基本的には農業収入で生活しており、したがって経営の採算が悪化して第 n 次投資による所得水準が農業日雇賃金水準を下回るようになれば、第 n 次投資をひきあげて日雇的兼業に対応するようにその労働力移動をするであろう。さらにそれが第 1 次投資さえ採算をもたらさないほど悪化すれば、彼らは挙家離農的対応をするであろう。しかしそのためには、表 10 の「挙家離農の場合」に示した以上の賃金水準が恒常的に得られなければならないが、この期にはそれを可とするような労働力市場構造ではなかった。

古島敏雄が、この期には一般的に工場の発展過程は小作地・小作農の増加過程に照応していた（古島敏雄：1961：第 2 章第 5 節、または古島敏雄 1958　第 10 章参照）と指摘された事実は、以上のうちに求められるべきであろう（山内司：1974：54頁参照)。そしてまた、1.2ha以上経営の小作農（単純に逆算して言えば、小作料を5割とすれば、0.6ha以上経営の自作農の収入に相当する）の場合には、都市下層社会の労働者世帯の収入と均衡するか、やや上回わる所得水準を得ていたのだから、挙家離農はかえってマイナスでさえあったわけである。

表10に示した小作農の1ヶ月当たり農家所得は90年（1.2ha経営、5人家族)で9.3円である。これに対して当時の下層社会の労働者月収は5人家族で9円であった。99年の農家所得14円（1.3ha経営、6人家族）に対し都市下層社会の所得は11～12円（4人家族）であった。11年と12年の農家所得はそれぞれ29円（1.5ha経営、6人家族)、33円（1.4ha経営、6人家族）に対し、後者の都市下層社会では、平均的な月収額はおおよそ4人家族で14～15円であった（稲葉泰三編：1953：36～37頁の表、及び津田真澂：1972：69頁、92頁の表)。

これに対して、もっとも脱農的志向の強いのは農業のみでは生活ができない0.5ha未満経営農家＝農村雑業層であったことは言うまでもない。ここで留意しておくべきことは、周知のように戦前期を通して農家戸数・農業就業者数がほぼ固定的に推移したという事実であり、それは農家の次三男女が恒常的に農外へ単身で流出していったことを意味する、という点である。表10に示したように、「単身流出の場合」にみあうだけの賃金は農外労働力市場で確保できたからである。

当該期は1890年から1907年に就業人口は284万人の増加を示し、その内訳は工業172万人、商業87万人、交通業37万人、公務自由業33万人、鉱業21万人の増であるが、この間に農業人口は21万人減少した（山田雄三:1957:152頁の表、及び梅村又次・山田三郎・速水佑次郎・熊崎実・高松信清：1967：218頁の表参照)。この点にかかわって並木正吉が「長期的には、農家人口の自然増加にひとしい人口の流出超過が行なわれてきた……むしろこの非あとつぎ要員を不断に排出（push）してきた機能こそが、より基本的なものと考えられるのである。そしてこの不断に排出された農村人口が不況期において失業者として顕在化しなかったのは、前述せるごとく非農業部門において、ともかくも就業の場を、たとえ非自発的にもせよ見出すことが出来たからに外ならない」（並木正吉：1959：157頁）と指摘されていたことにあらためて注目しておきたい[(3)]。

(2) 労働力移動と農村雑業層

問題の焦点は「出稼ぎ型」なる還流型の労働力移動をどこにみることができるかである。明らかなことは、いわゆる「小農」が経営悪化のなかで、第n次投資をやめて、あるいは農閑期に余業収入を求めて季節的賃労働者になるというパターンや、農村雑業層が半脱農化状態のなかで、日雇兼業や季節的賃労働に従事するというパターンはこれに属さない。大河内や並木が言われたように、次三男女が単身で好況期に出稼ぎに出て、再び不況期に農村に戻ってくる、ということに「出稼ぎ型」労働力論の要があるとすれば、それは農村雑業層においてでなければならないであろう。しかし、現実には「小農」層でなければ出稼ぎした次三男女を分家なりの形で受け入れるだけの経済的余地を多少とも残すことはない。しかも彼らは還流を予定していることから言えば「職工」にはなじみにくく、「公務自由業」とか家事修業的性格の濃い「家事使用人」として都市へ出稼ぎした、と思われる。

しかし、小作貧農＝農村雑業層こそが「出稼ぎ型」とされているのだから、これは事実と合わないのである。果たして、通説の言うように農村雑業層に「出稼ぎ型」労働力を検出しうるのであろうか。この時期は、女子農業労働力人口は減少を示していたし、それが繊維産業の発達――女工の遠隔地募集の拡大と関連していたのであるが、いま大まかなメドをつける意味で、1900年代の女子労働力移動と農業地帯・地主制の関連を整理しておけば、**表11**のごとくになる。この表は、村上はつと安良城盛昭の論文をベースにして、〔出所〕にあるような資料を加えて作成してみたものである。村上論文は1885年、1904年、1913年の女子労働力の出寄留、入寄留を分析している。これらの数値を含めて、およそ次のように言うことができよう。

① 1885年段階では、流入県として北海道・宮城・富山（以上、非還流型）・島根・高知（以上、還流型）福島・埼玉・山梨の諸県が登場している。流出県としては愛知・広島を除く青森・岩手・山形・秋田・千葉・三重・静岡・和歌山が離村型に属している。北海道への移住を別とすれば、松方デフレ下

表 11　1900 年代における女子労働力移動と地主制（1904 年基準）

		農業生産力(米反収 1.8 石以上)				農業生産力(米反収 1.8 石未満)				
		地主制ー強		地主制ー弱		地主制ー強		地主制ー弱		
		一毛作	二毛作	一毛作	二毛作	一毛作	二毛作	一毛作	二毛作	
流出県	出稼ぎ型				奈良(樹)三重	青森 岩手(畑) 宮城	静岡(樹) 島根	千葉	高知 (畑・樹) 鹿児島	農業県
		○山形			+ 和歌山(樹)					
	離村型		鳥取(樹) 香川 佐賀			新潟			徳島(樹)山口	
			※富山	※石川 ※福井	+ 愛媛 (畑)				○岐阜 (畑・樹)	在村工業県
流入県	還流型		○山梨 (畑・樹) 熊本(畑) 岡山		○長野	秋田 茨城(畑)	広島	+ 埼玉(畑) ○福島	+ 群馬(畑・樹) 栃木(畑)	

流入県	非還流型		福岡		+愛知 +大阪 ※京都 宮崎(畑)	東京 (畑・樹) 神奈川 (畑)	長崎(畑)		兵庫	工業県

〔出所〕村上はつ「産業革命期の女子労働」女性史総合研究会編『日本女性史』第4巻、所収論文、安良城盛昭「日本地主制の体制的成立とその展開（下）」『思想』第585号、所収論文の第30図をベースに、『農事統計表』、加藤惟孝『水田主穀生産力の展開 』、古島敏雄『産業史』第3巻、中村政則『近代日本地主制史研究』などにより山内作成。

(1) 地主制の強弱は全国平均を基準とする。

(2) 一毛作地域とは田地面積の7割が一毛作地の府県を、二毛作地域とは田地面積の5割以上が二毛作地の府県を示す。

(3)（畑）とは田畑比率（田を1とした畑の面積割合）が1以上の府県を、（樹）とは田地面積の1%以上が樹園地の府県を示す。

(4) ※印は絹織物、+印は綿織物、○印は製糸業の盛んな府県を示す。

(5) 離村型とは出寄留のうち，純出寄留の割合が高い府県を，出稼型とは出寄留のうち純出寄留の割合が低い府県を，非還流型とは入寄留のうち純入寄留の割合が高い府県を，還流型とは入寄留のうち純入寄留の割合が低い府県を示す。

における挙家離村、東京・大阪への流出＝都市下層社会の形成と再編に照応する動きである。小作地率とのかかわりをみると、この時点ではそれまでの比較的小作地率の低かった地方（東北・関東・山陽・九州）では耕地価格の低落・小作地率の上昇が目立つ。これに対して、小作地率が従来から比較的高かった地域（北陸・東山・東海・近畿・山陰）では小地主によって集中されていた耕地の大地主への集中という形をとったために、小作地率としては顕著な数字をみせていない。

② 1904年段階については表示のとおりである。1890年代には農業人口は日露戦後まで絶対数でも減少（とくに女子）しており、それは非農業部門における就業人口の増加に寄与している。非農林業の増加人口に対する農林業就業者の流出割合（＝寄与率）は、梅村推計で80.6%（梅村又次：1961：159頁）、南推計でも73.2%（南亮進：1970：165頁）であった。この時期、東京・大阪・福岡・神奈川・愛知・京都・長崎への人口流入が顕著である。

この間、西日本では年雇・小作貧農の流出（挙家離村・農家数の減少）と、しかもなお小作貧農の堆積、地主の寄生化が進行した。東日本では、小作貧農の堆積（農家数の増加）が進行しており、出稼ぎ型（青森・岩手・宮城・山形）がみられるが、ここでは農林業・建設・鉱山・漁労関係が主流を占めた。表11にみるように、流出県は出稼ぎ型と離村型に二分されるが、この離村型諸県（富山・石川・福井・新潟・香川・愛媛・徳島・佐賀・大分）から紡績女工をはじめとする女子労働力が比較的多く析出されている。

③ 1923段階には、この傾向はより拡大された規模で持続される。つまり、東北における出稼ぎ型の増加（青森・岩手・宮城・山形・秋田・福島）と、他方で富山・石川・福井・新潟・三重・香川・愛媛・徳島・佐賀・大分などの、主として北陸・四国・九州の諸県で離村型が増加する。

繊維産業を主とする女子労働力は、通説に反して、離村型諸県から供給されているように思われる。この点を第一に確認しておこう。

第二に、「出稼ぎ型」を主張される論者は、奇妙なことに、女工析出農家を農村雑業層に求める、という事実を執拗に追求している。奇妙なというのは、その事実が明らかになればなるほど、後述のように「出稼ぎ型」労働力論の破綻につながるからである。事実は、製糸業については、たとえば表12

をあげておけばよいであろうし、紡績業については、『紡績職工事情調査概要書』の次の一文を引用しておくだけで十分であろう。曰く「応募者ハ特ニ云フマデモナク孰レモ社会ノ下層ニ在リテ生活ノ度非常ニ低ク……応募者ノ大半ハ農家ノ子女ニシテ……今其自宅ニ於ケル生活ノ程度ヲ見ルニ極メテ劣等ニシテ無資無産赤貧洗フガ如ク」云々（大日本綿糸紡績同業連合会：1898：157頁）と。

横井時敬が1897年に述べたように、「彼ノ所謂五反百姓ナリシモノ、凡テ、一ニ農業ニ頼リテ、其ノ生計ヲ営ミ得ザルコト亦、明ケシ。是等ノ小民ハ実ニ、雇役、運搬、或ハ漁、或ハ樵、若クハ、商工ノ業ヲ兼ネテ、始メテ、其ノ一家五口ヲ養ヒ得ルモノナリ。サレバ、此等ノ細民ハ、必シモ、農業ニ恋着セズ。苟モ、利多キ業アラバ、直チニ、之ニ就カント欲スルモノナリ。況ンヤ、専ラ、雇役ニ由リ、糊口スルモノニ於テヲヤ」（横井時敬：1897：74頁）という事情はくりかえし留意されておいてよい。〈家計補充的零細農耕〉を営んでいる0.5ha未満経営農家＝農村雑業層にあっては、生活基盤が文字通り雑業収入に求められているのであって、ひとたび出稼ぎに出た子女を不景気だからと言って再び吸引する・包摂するような経済力はどこにもない。こ

表12　製糸女工出身農家の所有地別階層（1904 ～ 1910）

	長野県		山梨県
	中牧村	諏訪村	春日居村
1町以上			1 (2)
6反～1町			3 (6)
2～6反	2 (2)	2 (4)	3 (6)
1～2反	3 (7)		7 (9)
1反未満	2 (2)	5 (7)	25 (41)
無所有	8 (11)	12 (19)	
計	15戸 (22人)	19戸 (30人)	39戸 (64人)

〔出所〕石井「日本蚕糸業の発展構造 (2)」東京大学『経済学論集』35巻1号、130頁、1969年、及び中村「製糸業の展開と地主制」『社会経済史学』32巻5･6号、60頁、1967年により山内作成。

の層から女工が析出されていることから言えば、彼女らの出稼ぎは「出稼ぎ型」などと規定できるものではなく、事実上の離農であり離村でなければならないであろう。

その点はまた、いくつかの調査によっても明らかであろう。農商務省調査によれば、1898年～1903年の日清戦後恐慌をはさむ6年間に、農民の出稼ぎ者は20万5,200人（うち都会への出稼ぎ17万5600万人）に達し、その多くは再び帰村しなかったとみられる。その転業先について『平民新聞』は「女は重に芸娼妓及び酌婦、下女、紡績及び各種工場の工女等となり、男は重に人力車夫、郵便集配人、湯屋の三助、鉄道会社、工場、運送問屋等の常雇人夫、荷馬車の馬方、宮内省・陸軍省・華族・其他の馭者馬丁、植木屋の人夫等となり居れるが、職を得ずしてブラブラせるものも男女共に又甚だ少なからず」（『平民新聞』1904年3月6日刊）と報じた。

『生糸職工事情』は、「工女ハ満期後多クハ帰国ス然レ共一旦ハ帰国スルモ彼等ノ身体ハ最早農耕ノ業ニ適セサルカ故ニ再ヒ出テ、製糸工女トナルカ又ハ縁付キテ一戸ヲ持チ自宅ニテ繭ノ賃引ヲナス者多シト云フ」（農商務省：1903b：212頁）とある。また森喜一は藤林敬三『労働者政策』に掲げられた表（1909年中に、他地域に出稼ぎした者1万6,989名中同年中に帰郷した者7,320名を調べたもの）に基づいて、「出稼に出た その一年間にすでに四三．一％が帰郷し、その帰郷理由の判明しているもののうち、病気、帰郷後重体となった者、同じく死亡した者は全わせて二一．八％、労働に耐えかねた者五．九％と約四分の一以上が過酷労働を原因として再び農村に戻り、帰郷後重体、死亡が結核性疾患によることは……十分推測される」（森喜一：1961：168頁）としている 。

1910年の同様な調査はほかにもある（石原修：1913：63頁参照）。出稼ぎ者中の半数以上は帰郷しなかったばかりか、帰郷者のかなりの部分が農耕をするには著しく体力を損なっていた。否それゆえに帰郷したことを推測させる。さかのぼって言えば、東京では1897年に市民のうち4人に1人は流入人口であったが、1907年には2人に1人が流入人口であった。それだけ、関東近県や新潟県などから東京に向かって向都離村していく人々が増加しつつあったのである。こうして、当初の意図は出稼ぎであれ、Uターンではなく、そのまま東京・大阪といった大都市へ流入して下層社会を構成するか、あるいはＪターンをして地方都市に流入したと考えることができるのではあるまいか。

ちなみに、柳田國男も、1920年に恐慌下の宮城県を旅して『失業者の帰農』について、次のような指摘をされている。曰く「原因はいづれであっても、去らねばならなかった元の村へ、満期の兵卒や伊勢参りと同じやうに、用が無くなれば戻って来るものとは、どうして又考へたのであらうか……。或は又製糸と織物の工場だけはよろしい。労働者が多くは女だから、と云ふやうな説も有った。女なればどうして元の村へ還るのか。又何をしに還って来ると謂ふのであるか。十三四五から縫針の稽古もせず、稚ない者の泣く理由も経験せず、同じ年頃の者とばかり笑って日を送り、田植稲刈は勿論のこと、女房のする仕事は三分の一も知らぬ女を、普通の農家が何で嫁に欲しがらう、多くは戻って来なかったのと同じやうな、身の片付けをするに決まって居る」（柳田國男：1928：69～70頁）。

「出稼ぎ型」労働力論がどういう帰結をもたらすかは節をあらためてみることにして、女工析出農家層が農村雑業層であり、そこでの貧困が強調されればされるほど、「出稼ぎ型」労働力範疇の崩壊につながることを確認しておこう。

岩本由輝のように、「家」をバラ色に把握できるものだけが次のような夢物語を語ることができる。曰く、日本資本主義の労働力供給が「農家の保有人口を給源とした通勤もしくは出稼ぎ労働者であったればこそ、ファミリー・ウェイジの獲得をさしあたり目的とせずに、〝家〟中心の団結意識に裏付けられた家計補助的低賃金に甘んずることができたのである。この点について、極言すれば農閑期における農家の余剰人口は口を減らすだけでもよかったから、むろん多少の小遣かせぎにでもなれば喜んで工場に働きにいったのである。明治期の中心産業である製糸工場や紡績工場の女子労働者の大部分はこのようにして析出された者であったから、彼らはいつ解雇されてもとにかく迎える”家”はあるし、病気になっても引きとる〝家〟があったので、資本家にとって失業や病気を保障する必要もないという有利さもあった」（岩本由輝：1974：359頁）と。これは「小農」層の子女と理解してもあまりにも実態とかけ離れた史実認識ではあるまいか。

すでにみたように、資本主義の不均等発展のなかで農村はいわば「国内植民地的市場状態におかれる外なかった」（木下彰：1949：389頁）から、労働力市場の伸縮に最も敏感であったのも農村雑業層であった。しかし、基本的には労働力市場の狭小性ゆえに雑業層は農村内に堆積し、農蚕・製炭・土建・営林といった賃傭や農閑期の季節出稼ぎなどに従事しつつ、地主制を底辺で支えたのである。

有馬と稲田は「貧民の生活が如何に悲惨であるといふても到底下層農民の生活に比ぶべくもない、従って彼等は貧民窟の生を以て大に満足するのである」（有馬頼寧・稲田昌植：1922：60～61頁）と指摘した。その20年以上も前の1896年に、横山源之助は富山県高岡の事例を次のように述べていた。「総じて人数の上より言へば四反五反を小作せるは最も多きが如し……地方土木工事若くは他の地方に出稼し得る普通の小作人は、之を最低の小作人〔一反未満の小作人〕に比せば寧ろ幸福なるかな、蓋し最低の農夫は……一度作男として身を大農夫に売れる以上は、死の至るまで、渠等は羈絆の外に身を脱するを得ざるなり」（横山源之助：1899：255～256頁）と。

ここで、1908年の『農事統計』からあらためて0.5ha未満層についてみると、所有規模別農家数（不耕作地主を含む）493万7千戸のうち46.2%、経営規模別農家数約540万8千戸のうち37.3%となる。兼業農家は30.7%である（帝国農会：1914：5～6頁の表）。ただし、「兼業」の概念は明確ではなく、実際には兼業農家の割合はもっと多かったと推測される。なぜなら中村隆英によれば1910～20年代において「どの地域においても、農家の兼業はたんに問屋制家内工業か日雇労働者化に限られず、商人その他非農業の在来産業に従うものが多い」、そして商工業者もまた農業を副業としたいわゆる「第二種兼業農家の形態をのこしていた」（中村隆英：1971：106～107頁）[4]。

Ⅱ　価格——小作料をめぐる諸見解

（1）〈高率小作料——低賃金〉の相互規定関係について

前節で検討した「出稼ぎ型」労働力論は価格—小作料をめぐる諸見解にも大きな影響力をもっている。

そこで、「出稼ぎ型」労働力論にかかわる二三のシェーマについての考察からはじめよう。はじめに《高率小作料＝低賃金の相互規定関係》についてみてみよう。

よく知られているように、「賃銀の補充によって高き小作料が可能にせられ又逆に補充の意味で賃銀が低められる様な関係の成立」（山田盛太郎：1949：62頁）として、山田盛太郎によって定式化されたシェーマは、その後、中村政則らによってさらに深められた。それは次のように展開されていく。中村曰く、「産業革命期の紡績業・製糸業・織物業の発展が、農村における潜在的過剰人口を恒常的に引き出すことによって、はじめて高率小作料と低賃金との相互規定関係は一般的に成立し、一方における資本主義（とくに繊維産業）の発展を可能にし（資本主義確立の前提条件の成立）、他方では地主制的搾取機構（小作料の安定的取得）を可能ならしめた」（中村政則：1978：177頁）。さらに中村は「一般的にいうと、独占段階には労働力供給源に一定の変化が生じたことが指摘されている。……だが、製糸・紡績・織物を中心とする紡織工場では……依然として農家子女の家計補充的低賃銀労働力を基本としていたのであって、この独占段階においてもなお頑強にその基本関係を維持せしめていたのである」（中村政則：1972c：542頁）といった形で主張され、実証の試みがされているようである。

その論拠は二点あるように思われるが、中村の共同研究者の一人である松元宏は〈養蚕型〉地帯の研究から東山梨郡平等村の根津家の「同一小作人に対する田畑同時小作」を軸に「田の現物小作料が収穫の大半を占めるほど高率であり、始めから小作人にとって現物による完納が困難であることを前提に、現物小作料を限界まで取り立てて、その残額は養蚕農民の現金収入で補填できるように滞納穀を『代金納』に切り換えるという小作料の二段階追求を可能とする収取メカニズムが存在したこと」（松元宏：1972：73～74頁）、その代金納の実態は「養蚕・賃銀で補填」（松元宏：1972：76頁）と指摘しているのが、その一つである。

論拠の第二は、製糸女工賃金の用途分析から、直接父兄の手に渡る賃金が1891年の女工賃金（各県）17円70銭の75.1%、1909年43円59銭の84.9%にも達していること、ここから「女工の得る賃金によって、はじめて小作農家は地主にたいして高い小作料を支払うことができ、家計の補充になれば足りるということから低賃金でもすむ、ということ」（中村政則：1976：99～101頁）を実証したとみなしている点である。

地主制が最も強固であったのは東北型なのに、なぜ東北型で検証されないのであろうか、というのが私の大きな疑問である。それをおいて問わないとすれば、確かに製糸女工の出身地は養蚕型諸県の小作貧農層＝農村雑業層からである。ここで確認しておくべきことは、養蚕型地帯では養蚕が主軸であり、副次的に米作が〈家計補助的零細農耕〉＝飯米確保としておこなわれていた、という事実である。それゆえ、製糸女工を析出するような農村雑業層にあって、小作料が繭販売代金で支払われようと、あるいは前貸金や内渡し金といった女工賃金で支払われようと、それをもって《高率小作料＝低賃金の相互規定関係》の成立を説くことは不可能なのである。仮に百歩ゆずって、雑業層の子女が還流型の労働力だとして、その子女は結婚前の短期出稼ぎであろうから、子女の結婚後はどうやって高率なる小作料を支払うのか、このシェーマでは明らかではない。そもそも14～15歳から8年契約で製糸工場で働いたとして、この子女はその後どうしたのか。0.5ha未満層にあっては「賃銀の補充によって高き小作料が可能にせられ」る程の経営がおこなわれていたのではない。結婚前の子女の「賃銀の補充」によって、壊滅的な農業生産の維持ができるのではなく、挙家脱農を可能とするような就業機会を見出し得ない農村雑業層が生存するために高率小作料を受け入れざるを得なかったのである。「補充の意味で賃銀が低められる」のではなく、資本蓄積のあり方が低賃金を規定したのである。総じて、このシェーマでは、労働力の需要要因が軽視されているところに、その難点は集中している。

労働力需要にかかわる繊維産業の状況を簡単にみておけば、次のような点に考慮すべきであったのである。

①紡績業においては、1890年恐慌までの形成期紡績資本は都市貧民層を主体とした局地的労働力需要であったが、労働統轄の方法として、すでに等級賃金制・賞罰規定がワンセットとして導入されていた。労働力需要の増加のなかで農村雑業層へと募集が拡大するにつれて寄宿舎制も導入されるが、当時は労働拘置的性格はもっていなかった。90年恐慌をのりきった紡績資本

は、97年にはリングが運転錘数の91%を占め、女工比率も77%に達した。混綿—打綿—梳綿—連條—粗紡（始紡—間紡—練紡）－精紡—綛—綛紡、の工程のうち梳紡～綛までは婦女子労働力で占められたが、とくに粗紡部は労働が激しく比較的年長の女工が働いており、また精紡部は最も多くの労働力を要し（精紡・仕上げ工程で労働者の7～8割を占める）、ここに若年労働力が集中した。それは見よう見まねで半年もあれば作業を覚えることができ、「烏合ノ衆ヲ駆テ間ニ合セニ操業セシムル」（農商務省：1903a 70頁）ことが可能であったからである。しかし、輸入機械（精紡機、蒸気機関）の導入、固定資本の大きさから、自己資本ではカヴァーできず、日銀信用を頂点とする借入金に依存せざるを得ず、こうして資本の回転率をはやめることで投下資本当たり利潤率を最大にしようとした結果、長時間労働もまた必然化した。そのうえ1900～01年恐慌頃までは、紡績女工の賃金は農業日雇や製糸女工のそれよりも低く、したがって女工は等級賃金制に照応した日給制よりは、絶対評価の出来高に照応した請負制をのぞみ、請負者の割合は97年から01年に32%から70%へと激増した。

日清戦後から1907年恐慌を画期とする、企業間抗争が新設･増産をめぐる問題から合併・買収をめぐる問題に移行するまでの間は、とくに女工争奪は激化をきわめた。「平均一年間ニ殆ト全数ノ交替ヲ見ル」（農商務省：1903a：40頁）ほどその労働条件は劣悪であったがゆえに、職工募集費もかさみ、経営側は職工の逃亡･移動防止に躍起となるのであった。かつて触れたように、職工募集取締規則がこうして導入された。この点で、中村政則が「募集人制度……のさまざまな弊害を抑制するための『職工募集取締規則』が……つくられる」（中村政則：1975：164頁）とされる評価は一面的と言うべきであろう。というのは、94年の大阪府令「職工雇入止並紹介人取締規則」第10条、99年の奈良県令「工場及紹介人取締規則」第20条にみるように、それらは同盟罷業禁止規定をもつており、事実この当時は紡績工のみならず争議は多発した[(5)]。また大阪府令第6条、1900年の愛知県令「職工募集取締規則」第3条などにみるように、雇主の承諾がなければ転職ができないといった労働力移動の阻止規定をもっていたからである。

そうした労働政策を槓桿として、経営側は逃亡防止のために「足溜金」として賃金の3～6%を信認積立金といった名目で控除し契約年限を働かせることを意図し、また拘置的寄宿舎制を普遍化させ（1901年の関西16工場の調査では女工の50%は寄宿女工であった）、深夜業を強化し、労働の強制機構としての役割をも果たすにいたった。

②織物業にあっても、女工確保のための前貸金が「契約満期ノ際賞与金トシテ給与セラルヽ」年期金の3分の1から2分の1へと増加し、寄宿職工もまた高いウェイトを占めたのである（農商務省：1903c：286頁、242～243頁参照）。

③製糸業においては、1890年頃までは農家副業としての賃労働＝通勤兼業労働力を主体とする局地的労働力需要であった。日銀－正金をバックに売込問屋からの出荷前の無担保前貸し金融によって原料繭を購入し、これを担保に地方銀行から金融をうける（繭担保金融）という形で、製糸金融ルートを確保して90年恐慌を乗り越えた経営が、経営基盤を確保するのである。こうして、1894年には生糸生産高に占める器械製糸の割合は53%と坐繰糸を凌駕するにいたる。

だが、生産費中の購繭代が7～8割を占める、といった事情のもとでは優等工女の確保は決定的に重要であった。選繭—煮繭—操糸—揚返－仕上げ、の工程のうち、器械製糸といえども操糸工程は女工の技能に依存せざるを得ないことから、操糸に女工の8割を要した。

90年以前は工場主自身が女工を募集し、雇用契約書もとくになかったのであるが、90年代に入ると、募集人を介して手付金を払うようになり、その額も92年の2円位から01年頃には「四、五円内外ヲ常トスルモ若シ其ノ傭入レントスル工女ノ技術優等ニシテ而モ競争ノ烈シキ場合ニハ五、六拾円ヲ給スルノ例アリ」（農商務省：1903b：178頁）と言われるほど女工争奪は激化した。そしてまた、日清戦後は女工不足から12歳未満の若年労働力を使役するにいたるが、一般には熟練を要することから「彼等ノ工女トナルヤ六七歳ニ始マリ結婚期ニ及ヘハ乃チ退場スルヲ常トス」（農商務省：1903b：165頁）るのであった。

わけても、製糸業の中心地、諏訪では、女工募集は1900年頃には山梨・岐阜へと、1910年頃には新潟・富山へと範囲を拡げ、こうして1910年には寄宿女工は86%に達する。だがそれは遠隔地募集のゆえのみではもちろんなかった。「工場主ハ逃亡防止ヲ防ガン為メ止ヲ得ス二階ニ鍵ヲカクル等ノモノ益々多キニ至ラン」（農商務省：1903e：276頁）というのが拘置的寄宿舎制の実態であった。

さらにまた、周知のことであるが、日清戦後恐慌のなかで、紡績業にみられる絶対評価の出来高払制とは異質の、さらに過酷な相対評価の出来高払制――賞罰的等級賃金制が諏訪地方に一般的に普及するが、1900～01年恐慌により普通糸輸出不振･糸価暴落が生じると、それは全国に普及していった。この頃から、労働生産性は顕著に上昇するが、女工賃金は停滞基調を示すに至る。その賃金の支払い方法は、女工確保のために、たとえば諏訪地方のような普通糸製糸家は、建前は一年分を年末に一括して支払うということであるが、その実「其半額若くは三分の二を渡し置き其残額は翌年一月次回契約の時契約証と引換に之を支払ふ」（大日本蚕糸会報：1904b：312頁）こととし、「若シ雇傭ヲ継続セサルトキハ其残額ヲ払ヒ渡ササルコトアリ」（農商務省：1903b 179頁）という実態であった。

1900年代に入って、紡績業において共済・福利施設の整備・賃金の相対的上昇がすすむなかで、製糸女工の争奪防止を図るべく諏訪製糸同盟（1900年結成）は03年から職工登録制度を採用し、手付金も5円に制限した。石井寛治は「女工争奪がますます激化したはずの1900年代以降になると、残留率が50%前後に固定する……これは諏訪製糸同盟が1903年に本格的に成立し、盛んな活動を始めたことと密接な関連を有している」（石井寛治：1969a：133～134頁）と、積極的に評価されている。

だがこれは、同盟の成果とは必ずしも言えないのではないか。1900～01年恐慌とその後の日露戦争、日露戦後経営のなかで、農家経済は窮乏の度を深め、前貸金にしばられたことに由来するのではないか。同盟は手付金を5円に制限したが、実際には女工争奪の激化から手付金以外の前払い金が5円から20円に達しているし、同盟が05年には二重登録をした場合には罰金50円を支払うという形で罰則強化を図らざるをなかったことがそれを傍証しよう。04年の『大日本蚕糸会報』も、諏訪では女工争奪の結果「何れの工場にありても年々工女の三分の二或は四分の三を失ふを以て新工女を募り之れを補充」し、製糸家は「法律の制裁を受くるも固より辞せざるの覚悟」（大日本蚕糸会 1904a 307 ～ 308 頁）で争奪に参加したと述べている。

靫負みはるも長野県五加村の分析を通して、女工析出農家を「子女を製糸女工として、また家族ぐるみで雑業に、農外の賃労働に押し出している、なかば農業からはみ出しつつある層」（靫負みはる：1978：100 頁）と事の本質に接近しながら、結局は「いまだ高率小作料――低貸金〔低賃金の間違いであろう……山内〕の相互規定関係は貫徹している」（靫負みはる：1978：109 頁）とされ、折角の分析をだいなしにしてしまったのは、こうした需要側の要因を視野に位置付けなかったからであろう。

(2) 〈低米価――低賃金〉規定について

地主制による《低米価＝低賃金》規定についてみてみよう。たとえば、持田恵三は「農業労働力の低い再生産費は、工業労賃の低水準を規定…この低賃金は、労働者家計に大きな比重を占める米の低価格によって可能になっていた」（持田恵三：1970：304 頁）として、その低価格の諸条件を三つあげられる。①「農民の低い生活水準」が「米の生産費を引き下げ」たこと、②農民の「販売は自給余剰の販売にすぎず……価値法則はゆがんだ形であろうとも、作用しているとはいいがたかった」こと、③「コストが零である小作米が、米穀市場を圧迫し」ていたこと、がそれである。

とくに、この②③について精力的に論証しようとされたのが花田仁伍である。花田は、「価格の規定要因 C+V は小作米に譲っているがゆえに」地主米は「『ただの労働』で成り立つ米価水準」、すなわち C+V 以下をもたらす、という「地主米商品論理」を強調された（花田仁伍：1971：第 3 章参照)。けれどもこの花田の地主米商品論理は、もともと価値法則のない・経済外強制をともなう日本資本主義、という奇怪な把握のうえに立っていた。こうした前提に立って市場に於ける商品支配量（地主米）が価格規定力として作用する、というのはどう考えても無理である。

というのは、これまでの経済学の考え方では、理論的には市場価値規定において、ことの本質は社会的需要に応じて再生産しうるのがどこかということであり、土地に制限される農業部門では、限界条件における生産物の個別的価値によって市場生産価格が規定されるということだからである。いいかえれば、市場における商品量を問題とする花田の考え方は商品経済の論理で100％律せられているという原理論に立脚しているのである。ところが他方では価値法則は作用しないと言われるのだから、これほど不可解なことはない。現実には、多かれ少なかれ非商品経済的部分は残るし、社会的需要という場合、市場に出回る量のみをさすわけではなく、自給部分をも当然含めて考えなければならないであろう。自給に回されて市場に供給されないからといって、自給部分を度外視して市場における商品支配量（地主米）によって価格が規定されるという理解は納得し得ない。

価値法則を認めずに、一方では小作米はC+Vの費用価格で規定されるというのも論理矛盾だが、他方で地主米の価格水準は無規定的・制限なしだとすることも奇妙である。もちろん花田は、なぜ米価がC+V以下なのかを問題とされており、その一つの論理として地主米商品論理を展開されたのであるが、そして、地主制がなくなった時点で価値法則にもとづいて米価は最劣等地におけるC+V水準で規定されるようになると考えられているのであるが、問題意識そのものは評価しうるとしても、その立論には難点が多いと言わねばならない。

ところで、持田は花田とほぼ同様の認識をされているから、これ以上言及する必要はないであろうが、持田は昭和初年で「米作農家の米購買戸数は米販売農家の七八％、その購入数量は総販売量の二二％になっている」（持田恵三：1970：58頁）という自ら指摘されていた事実にもっと注目されるべきだったのではないか。なぜなら、持田は低米価を強調されるが、こうした米購入農家＝農村雑業層から言えば、明らかに高米価だったからである。

蛇足を言えば、持田は「コストが零である小作米が、米穀市場を圧迫し」たとか、花田も「『ただの労働』で成り立つ米価水準」（花田仁伍：1971：433頁）と言われるが、それはさきに述べた疑問のほかに、事実のうえから言っても疑問なのである。守田志郎が明らかにされているように、明治末期以降「地主が投機的な利益を享受しうるのは五％（あるいは証拠金率）の範囲内で米価が下落したときだけに限られ……米穀商が強力となり……地主と米商の利害は、米商の方に有利な形で対立するようになってくる」（守田志郎：1966:99頁）。こういうわけで、地主が米市場で米価水準の形成から排除されていくのであるが、少なくとも地主の販売米は農村の平均販売米価よりも高かったという事実である（守田志郎：1963：第4章）。東畑精一も「物納の場合に於ては彼等〔地主階級〕は定量の小作米……に対する関心よりも、米価の如何に直接至大の関心を持つ」（東畑精一：1933：155頁）と言われている。

要するに、〈低米価─低賃金〉のシェーマが言われながら、「低米価」の形成機構の説明には成功していないのである。このシェーマは、農民の低い生活水準は地主制によるものであり、その低米価も地主制がもたらすものであり、米価が低ければ低いほど低賃金ですむ、という皮相的見解につながるしかないであろう。では、米価水準はどういう機構で規定されていたと考えるべきであろうか。私は、次のように解するべきではないかと考える。

①鈴木梅四郎調査によると（鈴木梅四郎：1888：150頁参照）、1888年の都市下層社会「中等」の家族家計費は一日当たり11銭3厘5毛である。当時、下層社会では収入の大半は飲食費、主食たる米代に充てられたと考えてよいであろう。そこで、一ヶ月の家計費3円40銭の2分の1が米代に充てられたと仮定すると、一ヶ月の米代は1円70銭（年間20円40銭）、一人年間米消費量は0.995石だから[(6)]、5人家族とすると、石当たり米価に支出できるのは4円10銭となる。実際の石当たり米価は太田によると4円95銭であった（太田嘉作：1938：1103頁の表参照[(7)]）。

②戦後には、家計費構成を示す表が横山源之助によって与えられているが（横山源之助：1899：42頁、232頁参照）、恐慌期（1897～98年）の数値であるから、その点を考慮に入れる必要があろう。そこで、97年の人力車夫の月収13円、その3分の1が米代に充てられるとすると、一ヶ月の米代は4円33銭（年間52円）、この年の一人年間米消費量は0.887石だから、5人家族とすると、石当たり米価に支出しうるのは11円72銭が上限となる。実際の石当たり米価は11円38銭であった。

③1910～11年の家計費構成は森喜一が示す表によって明らかである（森喜一：1961：174頁参照）。工人（重工業大経営における熟練労働者）の月収22円29銭、その3分の1が米代に充てられるとすると、一ヶ月米代は5円53銭（年間66円45銭）、当時の一人年間米消費量は約1石だから、4人家族の場合、石当たり米価に支出できるのは16円61銭となる。実際の石当たり米価は16円

94銭であった。

この推計では、家計費のどれだけが米代に充てられるかが焦点をなすが、持田恵三も1918年当時の「大衆の家計に占める米代金の比重というのは、だいたい三〇％になったのではないかというふうに思います」（持田恵三：1971：47頁）と言われていることから判断して近似値をあらわしていたと考えられる。それで大過なければ、こうして算出された米価水準は示したように、庭先価格とほぼ一致するのである。すなわち①の理論的米価4円10銭、現実の米価4円95銭、②の理論的米価11円72銭、現実の米価11円38銭、③の理論米価16円61銭、現実の米価16円94銭となる。世界史的規定をうけた日本資本主義の資本蓄積構造に規定された、挙家脱農を困難とする労働力市場構造の米需要が米価水準を基本的に規定したのである。農産物価格のなかでも、主食である米は価格変動に敏捷には適応できず、供給の弾力性が小さい。価格の騰落に応じて生産を拡大、縮小する力は弱いのである。これは野菜や果樹の生産とは異なるのである。かつて新沢嘉芽統が第二次大戦前の場合について、「耕作農民のどの階層の生産物が価値規定的かなどという議論がなされているが、議論の根底となるべき需給関係について、十分な考慮を払わず、形式的に議論しているからではあるまいか」（新沢嘉芽統：1959：48頁）と言われたことがある。これまでの価格論が需要要因を相対的に軽視していたことは事実なのである。

私の論理を明確化するために、〈低米価―低賃金〉とは対極的な、とはいえ労働力市場構造のあり方を軽視するという点では同類の、小作料を差額地代第二形態（以下、DR Ⅱと略記）に類推する説を検討しておこう。このDR Ⅱ類推説に立つ大内力や犬塚昭治によれば、この期は次のように説明されるはずであろう。

日清戦後は需要が増加して価格が上昇しているが、その場合の追加投資は現在の最劣等地Aよりさらに生産性の劣る劣等地B、または既耕地での追加投資Anがおこなわれるであろう。この時期は稲作面積が微増して平均反収と生産性も漸増した。耕境がほぼ不変で総生産量が増大したから、生産性A〉An〉Bであって、このとき追加投資Anが限界投資をなし、Bは耕作されず、最劣等地はAで変わらないが、この最劣等地AにDR Ⅱが形成される[(8)]、と。

ところで、仮に以上のような形でDR Ⅱが形成されるとするとき、小作農の54.4％を占める0.5ha未満層が支払う小作料がDR Ⅱであるということはどう証明できるのであろうか。そのためには、①「投資の可逆性」が存在していること、② 0.5ha未満層が借入する耕地が優等地であること、の二点が明らかにされるべきであろう。第①点について言えば、**表10**にかかわってみたように、農村内部では日雇兼業化、あるいは単身流出という形で「投資の可逆性」が全くないとは言えないが、問題の0.5ha未満層は最も脱農的志向が強いにもかかわらず挙家脱農は困難な条件下にあった。その意味では、第一次投資こそが問題であった。わけても1900年頃を境として、それまでの挙家脱農による都市下層社会への流出というパターンが弱まり、とくに東北型諸県の農村雑業層は農村内への堆積を余儀なくされつつあった。つまり、限界条件規定は作動しえなかったと考えざるを得ない。

第②点について言えば、資料上の制約から明らかにすることは困難である。だが、たとえば斎藤萬吉が示す1890年～1908年の自小作別水稲反収（斎藤萬吉：1918：527～528頁、536～537頁、542頁の諸表）からもうかがわれるように、小作農が優等地を耕作していたとは考えにくい。そしてまた逆に自作農が優等地を耕作していたとするならば、自作農はかなり高率の自作地地代を入手していたと考えるべきであろうが、これも事実にあわないというしかない。とすれば、第二次大戦後の梶井功の分析のように、同一経営階層のなかに優等地と劣等地とが入り組んでいるとみた方が実態に近いと言うべきであろう（梶井功：1970：第2章1節参照）。

要するに、地代の高さは資本構造に規定された労働力市場構造の狭小性に帰着するのであり、小作農の小作料は地代部分を超えてV部分に食い込んでいたと考えるしかない。資本構造に規定された労働力需要のあり方が都市雑業層のV水準を媒介として小作農の生存水準を規定したのであり、高率小作料の水準は米価水準を所与とすれば、その価格を前提として小作人の手元にどれだけ現物の米が残れば最低生活が可能かどうかで、その差額が小作料の大きさを決めたと考えられる。

(3) 〈地主経営の成立＝小作料の安定的取得の成立〉について

さて、こういうわけで〈高率小作料＝低賃金の相互規定関係〉とか、〈低米価＝低賃金〉のシェーマは、疑問と言うしかないが、なお検討しておくべきことは《地主経営の成立＝小作農民経営の安定的再生産（小作料の安定的取得）の成立》というシェーマである。

中村政則は、明治30年代地主制確立の指標として、栗原百寿の質的規定（＝手作り地主から寄生地主への転化）、量的規定（＝小作地・小作農家の増加）（栗原百寿：1961：39〜43頁）を発展させ、①土地所有の量的確定、②地主経営の安定、の二点をあげられる。

このうち、①については、安良城盛昭がその卓越した資料操作で「日本地主制の体制的成立は明治二十年代初頭とみなすべきであり、その後の展開は、明治二十年代初頭に成立した日本地主制の量的発展として把握すべきであるという結論」（安良城盛昭：1972：106頁）を導き出していることとなお対立しているが、全機構的に位置付けるという点では、中村説を支持したい。

問題は②であり、ここで中村は地主経営の安定の指標として、㋐自小作・小作農家からの「出稼ぎ型」労働力の恒常的流出、㋑小作地・小作人への支配管理機構の確立、の二点をあげられる。このうちの㋐については、すでに批判したところだから、あらためて述べる必要はないであろう。

そこで第二点の㋑について検討しよう。中村は近畿型では90年代の世話人制（岡山県）、東北型では1907年の差配人制度の導入（宮城県）、この中間に養蚕型が位置する（山梨県）とし、これによって小作地＝小作人支配・管理機構が確立したとされるのである。しかしながら、これは次のように解するべきではなかろうか。つまり、90年代からの紡績業・製糸業を中心とする遠隔地募集の拡大が小作・零細自作農をとりこんでいったがゆえに、小作人確保・支配＝管理機構の整備・強化を図る必要が生じたのであり、換言すれば、資本主義の農村への浸透序列に照応する形で、それへの地主的対応の形で差配人（世話人）制度の導入を余儀なくされた、と考えるべきではなかろうか。たとえば、既述のような諏訪製糸同盟の設立（1900年）の動きにもみられるように、岩本由輝が言うように、製糸女工の不足は農村雑業層の雇用機会の増大・小作地返上・農業雇用労賃の上昇をもたらし、それらは地主経営の停滞へと導いた（岩本由輝：1974：第3章、第4章参照）と考えられる。

さらに政治的には、差配人（世話人）制度の導入は、旧村落支配から町村——部落という行政的支配をバックに農村構造の再編に対応するものであった。たとえば安孫子によれば、宮城県千町歩地主、佐々木家が1907年になって、これまでの直接管理から「差配」をおくようになったことの背景として「旧村落支配構造」の「共同体的族団的結合の解体」という事実をあげ、「地主にとってはいまや町村支配がより問題」となってきたこと、それは「地主—小作人関係の『近代化』・契約制への移行、つまりより純化された階級関係に整序されてゆく過程であった」（我孫子麟：1966：251～253頁）と指摘されている。また、この頃からみられる小作証書の作成の動きも、資本主義確立にともなう共同体秩序の動揺に由来するものとして把握すべきではないか。菅野正も「高率小作料の収取と家父長制は村落構造の維持が、地主自身の手から、次第に国家権力の手中に移行する過程と平行して、小作契約の文書化が進行したとみていい」（菅野正：1978：321頁）としている。

中村政則は栗原が日清戦後の農政について「官僚的地主的な農業政策の体系」＝「地主制の補強工作」（栗原百寿：1961：49頁）とされたことを否定しながら、他方では「一八九八年施行の明治民法は、半封建的本質をもつ地主制の法的外被であり、かつ地主制確立の法的表現であった」（中村政則：1978：180頁）とされている。

この歯切れの悪さは、明治民法こそ脱農化を基本的に不可能とする資本構造のもとで、小作貧農層＝農村雑業層が都市雑業層との交流・労働運動の高揚のなかで、農業にしがみつきつつ地主の圧迫に抵抗を開始したことに対して、所有権優位をうたい資本主義の核心部分を擁護せざるを得なくなったものである、という側面を看過されていることにある。

そして、もともと労働力商品化の完成が人権の確立を要請するものであり、産業資本確立期に労資間の・その都度の対立と妥協を、したがってまた「私有財産の絶対性」への一定の修正を要請するものである以上、所有権優位の明治民法施行は必然的でもあったのである。

さて、以上のように理解すべきものとすれば、中村のあげられている点は、地主経営安定化指標とは正反対のものと言わざるを得ないであろう。一般的に言って、この時期には地主のみならず農民経営の不安定化が進行していたことは既述のとおりであるが、それにもかかわらず、地主の寄生化を石井のように「産業資本の確立に伴い小作経営の安定的再生産が可能とな」(石井寛治:1976:109頁) ったことに求めようとする見解 があとをたたないのはなぜであろうか。ここにもまた「出稼ぎ型」労働力論の影響をみることができる。

中村隆英も「一九〇〇年ごろまでは自小作別農家の構成において、純小作の比率がたかまっていくが、それ以後は純小作の比率は停滞し自小作の比率がたかまるのである。この事実は、おそらく農業が経済的な経営としての地位を確立してゆく過程を示すものとみてよいであろう」(中村隆英:1971:51頁) とされるが、純小作の1900年代に入ってからの停滞は都市雑業層との接触が強まったからであり、また0.5ha以上自作農も挙家離農するだけの雇用条件が得られなかった結果として、耕作地主の寄生化にともなう手余り地の借入などを通して、自小作として農業にしがみついていかざるを得なかったことに由来するのである。自小作の増加は農外への流出が一層困難になり、農民が農村内に堆積していく一つの形態なのであって、経営発展とは違うのである[(9)]。

いま、通説の三類型区分から地主の寄生化――投資性向の変化の事例をみれば資本蓄積の構造によって規定され、地帯的差異として反映したものであることが明らかとなろう。すなわち、近畿型地主は日清戦後経営での財政政策と産業発展のなかで、有価証券投資を活発化していく。わけても日露戦後には、地価上昇と、土地利回りが一般利子率を下回るようになり、土地投資が消極的となり、小作料収入の農外への資本転化を決定的にしていった。もともと地主の土地集積のパターンとして主要なものは、産業資本確立前にあっては諸営業を軸にそこでの資金を高利貸し的に貸し付けることを通じてであった。

しかし、東北型地主は日清戦後になると諸営業(酒造り・醤油醸造など)の廃止を余儀なくされ、さらに銀行設立――信用機構の展開にともない高利貸し機能(前期的金貸し業)をも衰退させていった。米穀取引所からも排除された地主層は、限られた有価証券投資よりも、なお東北型では土地利回りが相対的に有利であることによって地主は一貫して小作料収入を基本として土地集積を続けていくのである。副次的だが有価証券投資に向かうようになったのは大正期のことであり、それも資産保有的な性格のものであった。そのうえ、たとえば宮城県では80年代半ばから組合製糸の形で地主を主体に器械製糸がはじまるが、これまた先進的製糸大資本家による繭買い付け、1905年片倉組仙台製糸所開設といった動きのなかで、地主の産業資本家への転化の道は閉鎖される。安孫子麟は、仙南諸郡は養蚕地帯化＝原料供給基地化、仙北郡は水稲単作地帯化＝食糧供給基地化（我孫子麟：1968：第2編第1章第2節参照)、と捉えている。この近畿型と東北型の中間に位置したのが養蚕型地主であった。

くりかえして言えば、こうした高利貸し機能の衰退、土地利回りの停滞、有価証券投資といった地主層の対応は〈資本市場〉の地域的発展度に照応していたし、これと対応関係にある〈労働力市場〉の地域的展開度がまた、農民の堆積と流出を規定したのである。

小　括

以上、「出稼ぎ型」労働力論と、それにかかわる価格―小作料をめぐる諸見解を検討した。その批判的検討が十分にできたかどうかはともかくとして、日本資本主義のおかれた世界史的位置と、そこでの労働力編成のあり方に考慮を払わずに、農村の貧困を地主制に求めるということが、いかに一面的な理解であるかをある程度明らかにしえたのではないかと考える。

なるほど「出稼ぎ型」労働力論は日本的な賃労働型を示すという点で大きな意義をもったし、農村の貧困も確かに存在した。しかしながら、とりわけ農村の0.5ha未満経営の小作貧農＝農村雑業層子弟の好景気の流出、不況期の還流＝「帰農」を前提とした「出稼ぎ型」女工という仮説は成立し得ず、この仮説は高率小作料と低賃金、低賃金と低米価、さらには地主経営の安定＝小作料の安定的取得という面で誤った理解をもたらすことになる。具体的に言えば、次の通りであった。

①高率小作料は基本的には労働力市場の狭小性からくる農村過剰人口の堆積によるのであって、地主制によるのではない。小作貧農＝農村雑業層の子女が「家計補助的低賃金労働力」を供給するのではない。彼女らは景気変動

に関係なく流出型であり、資本蓄積のあり方が低賃金を規定したのである。

②〈低米価＝低賃金の相互規定関係〉というシェーマについて言えば、低米価が低賃金をもたらすという関係を主張するが、そうではなく労働力市場構造のあり方が低賃金を、したがってまた低米価を規定したのであった。そもそも低米価は農民の低い生活水準によるものであり、その低米価は地主制がもたらし、米価が低ければ低いほど低賃金ですむといった理解は皮相的である。それは米価水準がどう規定されているかを問わないことに由来する。それゆえ、労働力需要のあり方が都市雑業層を媒介として農村雑業層の生存水準を規定したという点を不明確のままにしてきたのである。

③資本主義の農村浸透を通して1890年代以降､女工募集が遠隔地に拡大するが、それは小作貧農＝農村雑業層の流出、小作地返還などによる共同体秩序の動揺によるものであり、地主経営の安定＝小作料の安定的取得とは逆のものであった。

④「出稼ぎ型」労働力論は経営者側における雇用対策をも著しく過小評価し、賃労働の供給側の条件が一方的に労働者の労働条件を決めるという誤った理解に道を開くのであった。「出稼ぎ型」労働力論は還流型によってのみ成り立つが、女子労働力移動を示した表11（1904年基準）の「還流型」に山梨県、長野県が属するが、表16（1924年基準）では山梨県は流出県に転じている。還流型は概して在村工業県であり、そこでの女工は基本的に流出型であった。

敷衍すれば、1920年5月長野県調べ郡市別製糸工女地方別人員表によると、諏訪郡の工女43,001人中、諏訪6,952人、山梨県6,863人、新潟県5,686人、上伊那3,891人、東筑摩3,439人であった（長野県：1980：889頁）。このうち、山梨県と新潟県は表16に示したように流出県に属している。さらに1920年の出入人口を調べてみると、諏訪郡への長野県内の他の郡市より入寄留した女6,366人に対し、逆に諏訪郡から長野県内の他の郡市へ出寄留した女は851人にすぎなかった（長野県：1989：224～225頁）。1922年の山梨県英村の俸給所得源泉数の79%は0.3ha以下の小自作・小作層で占められ、製糸女工57人（うち非農家が67%を占める）の58%が村内への通勤女工であった（西田美昭：1972：237頁の第15表から算出）。

山本茂美が1911年頃と思われる東京朝日新聞への投書を引用している。「農村や漁村に一度来てみるがよい。一人だって若い娘は居ないのだ。居るのは梅干婆さんばかりだ。若い娘は続々と他国に出稼ぎに行く。大部分は『会社者』すなわち工女さんになって信州、群馬、さては名古屋にまで出かけて行く。……出稼ぎしている女たちがたまに村へ帰っても……おれたちには色目もつかってくれない。そして都へ都へと帰って行って、村などふり返ってもみない」（投書者は不明、山本茂美：1977：119～120頁）と。これは、**表11**に示した流出県の離村型（1904年基準）に属する岐阜県の高山と古川の中間、国府の男性の投稿である。この頃、国府村「同村より出ていた糸ひきの総数四百五十八名（内新工七八名、再三百八〇名）となっている。……何か海の底引網を思わせるような、工女の根こそぎ漁法であったことには間違いない」（山本茂美：1977：119頁）と、山本茂美は語る。娘を口減らしとして製糸工場と年季契約を結び、「百円工女になってカカマ（母）を喜ばせる」と気負ってみても、優等工女は1割で6割が普通工女、工場によっては「借金工女は四人に一人の割合」（山本茂美:1977:198頁）という。親孝行娘であったとしても、その家族構成や資産等からいって故郷の村で普通に結婚し生活するのは困難と考えるしかない。飛驒で生まれたものが野麦峠を超えて諏訪で製糸女工になったとしても、故郷に帰るのではなく、やがて離村して塩尻や松本で生活するのである。ちなみに、後の1920年、25年、30年、35年にかけて、本籍人口を基準とした現住人口の指数を調べてみると、大野郡はそれぞれ92.19、91.37、90.47、91.06であり、吉城郡ではそれぞれ100.63、97.64、90.23、89.43と減少している（岐阜県：1972：855頁、857頁、866～867頁参照)。入寄留よりも出寄留が圧倒的であった。

確かに出稼ぎ労働者はいたが、「出稼ぎ型」労働力は存在しなかったのである。もともと0.5ha未満経営の農村雑業層の子弟の好況期の流出、不況期の還流＝「帰農」を前提とした労働力＝「出稼ぎ型」労働力というのは間違った仮定であった。

〈注〉

(1) この見解は、山田盛太郎（1954）、綿谷赳夫（1959)、大内力（1969）暉峻衆三（1970）大内力（1978）などにみられる。

⑵ この見解は大橋博（1962）、須永芳顕（1970)、中村政則（1978）などにみられる。

⑶ 私はこの並木正吉説を支持する。なお隅谷は雑業層を媒介として農村と都市が結びついていたとする点で、きわめてすぐれていると考える。ただし、隅谷は大河内一男と並木正吉の所説について、「大河内説がいずれかといえば明治三十年代の事実に依拠しようとするのに対し、並木説は独占段階の農民層分解の特質のうえにその論理を展開しようとしている点は、充分に評価されなければならない」(隅谷三喜男：1965：134頁)、と言う点については理解できない。そもそもこういう形で、二つの説を共存させることはできるのであろうか。

そのうえ、隅谷は「並木説は硬直的なプッシュ理論であり、同じく農民層分解を基軸として賃労働の形成を考察しながら、大河内説が農村の人口包容力をきわめて強力的にみているのと、きわめて対照的である」(隅谷三喜男：1965：134頁）としながら、大河内説を否定していないのである。その後の紆余曲折はあるが、いつのまにか「出稼ぎ型」労働力論は歴史博物館に入ってしまっている。

しかし、大河内説が成り立つかどうかを検証することは、「出稼ぎ型」労働力が低賃金をもたらしたのかどうか、日本の農村は過剰人口の「無限の深さをもつ貯水池」(大河内一男：1952：5頁）であるのかどうか、さらには「米価」はどう決まったのかを明らかにすることにつながる。要は、農村雑業層の子弟が出稼ぎに出て不景気だからといって帰って来た場合、養うような経済力が果してあるのかどうかである。

⑷ 百姓＝農民という壬申戸籍にみられる把握の仕方について、網野善彦が指摘されるように「実態を大きく歪曲している」(網野善彦:2001:87頁）ことに留意しておきたい。

⑸ 大阪における紡績工の争議については、立川健治（1986：132頁の表)、争議一般については隅谷三喜男（1981：95頁）を参照した。

⑹ 太田嘉作（1938:1103頁)、以下の石当たり米価も同書1112頁、1125頁、いずれも5月の米価による。

⑺ 一人当たり米年間消費量は、加用信文監修（1977：338頁）による。

⑻ この点は、詳しくは大内力（1958：第3章、第4章）を参照した。

⑼ 有本寛・坂根嘉弘（2003）は、第一次大戦後の小作争議発生を農外労働力市場の拡大に求めその「機会費用」の高まりと、農業にとどまろうとす

る「農家規範」による農業への固執との対抗のなかで定量的検討をしている。この研究は労働力市場と小作争議、中農標準化を総合的に把握しようとする試みで興味深い。ただし、小作農の過半数を占める0.5ha未満経営層・農村雑業層の存在を視野に入れていない点で疑問が残る。所有規模別にみても、「東北型」（東北六県、茨城、栃木、新潟）では0.5ha未満所有規模農家の割合は1922年の40.8%から1932年42.3%、「近畿型」でも57.3%から同上期間に57.3%とほとんど変わっていない（細貝大次郎：1951：765～769頁の諸表)。つまり、農村から都市への労働力移動は坂根の「機会費用」論の主張するほど「自由」ではなかった。

第３章　戦間期日本の米価構造――大内説批判

本章は、米価はどう決まるのか、という素朴な疑問に端を発する。ほとんどの経済学者は、小農民のもとでの農産物価格は限界条件のもとにおける費用価格で決まるとする通説を支持している。はたしてそうであろうか。本章は、その代表的な学者である大内力の理論に疑問を示し、戦間期における日本の位置を確認することからはじめる。農家経済と労働力市場の実態を前提として、米価水準、といっても後述の理由から可処分所得水準を問題とするが、工業労賃水準と家計費、生産費と生計費、米作農家と米購入農家とどうかかわっていたかを論じ、大内力や犬塚昭治への批判を展開する。それをとおして、この時期の農産物価格（とくに米価）水準は〈共同体の原理〉と〈商品経済の論理〉との組み合わせによって規制されたうえで、需要側の要因によって総括されていたことを明らかにする。これは理論と現実のクレバスを乗り越えようとする一試論である(1)。

I　戦間期日本の置かれた位置と大内理論への疑問

(1)　大内理論の問題点

今日でも有力な農産物価格理論の一つは大内力のものであろうから、大内理論を中心に問題の所在を明らかにしよう。大内は講座派にはなかった農産物価格の規定機構をマルクスの「分割地所有」に関する叙述を核に論じられた。そこでは、原理論を中心とした価値法則が一定の偏倚をうけながら日本の農産物価格にも貫徹しているという立場から、限界条件における C+V という費用価格で規定されていることを論じられたのである。ただし、ここには以下にみるようにいくつかの疑問がある。

第一に、資本主義のどの発展段階でも「農民的分割地所有」を前提にして「費用価格」規定は主張しえるのかどうかと言う疑問である。この点について大内は何も語っていないし、多くの論者もそうであるが、農民的分割地所有を一般化している節がある。私の理解とは異なると考えており、これについては小作料とのかかわりで次章で問題とする。

第二に、大内は「このように小農的生産関係のもとでは農産物価格が、最終投資の生産物の費用価格によって規制されるということについては……、……農民が賃労働者に転化しうる、という前提条件があるからであった」（大内力：1951：125頁）とか、あるいはまた「投資の可逆性」の存在（大内力：1978：257頁参照）を言われるが、そういう「前提条件」は存在しなかったのである。

第三に、「小作農の窮乏の原因は小作料負担の過大にあるのではなく、むしろ小作料をふくまざる農産物価格がきわめて低位におしさげられているためといわねばならないのである。……〔それは〕むろん直接には小農民相互の競争の結果である」。その価格競争の限度は、「資本主義社会における一般的な労賃水準によって規制されるのであり、たとえ現実にはその水準以下にさがりえても、それはいわば誤差の問題にすぎないのである」（大内力：1951：128～129頁）と言われる。それは「誤差にすぎない」といった単純なものであろうか。しかも改訂版では「誤差」という表現はなくなるが、「基準はやはり労賃水準にある」（大内力：1961：156頁）と原論的理解を示されるが、はたして労働者の労賃水準が基準と言えるであろうか。

大内は、限界条件に於ける第n次の追加投資で価格が決まる、そして、それよりより優位な生産条件にある層には高率の地代が成立する、という論理を展開する。ところが、この見解はそもそも限界条件がどこにあるかを明らかにしていない。しかも、農民のV水準は下層・小作農になるほど低く、また生産条件も劣位になるにもかかわらず、小作農の8割を占める1ha以下層の小作料がDR Ⅱ（差額地代第二形態）だと主張するのであった。そしてまた競争によってV部分が小さくなるからR部分が大きくなる、と主張するのであった。

はじめからV水準が低い、ということと、V水準が小さくなる、ということはもちろん意味が異なる。〈商品経済の論理〉――効率化原則から言えば、自己の所得（V＋R）の極大化をめざして追加投資をおこなうのであって、V水準一定とすればR部分の増加をめざしてということになるが、その追加投資がV水準を低下させるとすれば、それは原則に反する。つまり、それは生存のために労働力を「自己の農業経営にいわば重投せしめる」しかない、という状況下での競争であっても、〈費用価格をこえる超過分〉をめぐっての競争ではない。換言すれば、1ha以下層は少なくとも投資の可逆性が働かず、もちろん〈産業としての農業〉は成立しえないのであるが、にもかかわらず限界条件規定が作動しているかのごとく主張されるのである。限界条件などはじめからなかったのではないか。しかもそのための条件の一つは、少なくとも農産物価格の需要は永遠に続くということが必要だったのではないか。

第四に、そもそも大内は「資本主義の発展はすくなくとも自由主義段階までは、商品経済的関係が全面的に拡大し経済過程を一元的に支配してゆくようになる道程として現れる」（大内力：1985：16頁）とされる。つまり、資本主義の歴史過程を〈商品経済の論理〉のみで解明できるとするが、はたしてそうか。〈共同体の論理〉との重層的関係があって、たとえば重商主義段階の資本主義の歴史も解きうるのではないか。社会は市場と共同体の両方からなるのであって、市場＝商品経済からのみ成り立っているのではない。大内はこういうわけで、商品経済史観の観点が強すぎるのではないか。

第五に、大内力によれば「生産された価値はまず労賃を支払い、つぎに利潤を支払い、最後に地代を支払う。したがってほんらいの地代は、すなわち『労賃および利潤に対立した一つの特殊範疇としての地代』〔マルクス……山内〕は、労賃および利潤を前提とし、それらによって規制された与えられた限界内の大きさにとどまるべきものである。逆にまず地代が決定され、それが労賃や利潤を規制するのではない」（大内力：1952：77頁）と言われる。原論的にはそのとおりであろう。しかし、小農民にもそれはあてはまるのかどうか。小農民の場合、もちろんここで、CやVというのは原理論で言う不変資本や可変資本としてのそれではなく、擬制的な意味で使われているのであろうが、それにしても小農民から言えば、CやVは資本ではない。Vとは自分の農産物を販売した対価であり、自己評価にすぎない。自家労働の「完全燃焼」と、他人労働の「利潤の追求」と結びつくのとは同じではないのである。そもそも自家労賃意識は存在しえていなかったのではないか。同じくCにあたる土地は小農民から言えば資本ではなく資産なのである。

こうした疑問のほかに、大内の流れをくむ犬塚昭治への疑問もあげておこう。犬塚は、この大内の見解を受け継ぎつつ、農産物価格水準の算出にあたって、価格水準とはV水準であるとして、「現実の小作料額が地代部分をあらわしていた」（犬塚昭治：1967：113頁）と言われる。わが国の小作料の性格をめぐっては種々の議論があるのだから、論証抜きに小作料を地代と解することは人を納得せしめないであろう。事実、犬塚自身が詳細に分析されたとおり、自小作別の生産諸条件・生産力の分析からも、自作や自小作の小作に対する優位性は明らかであることから言えば、差額地代は小作ではなく、自作や自小作において生じていると解すべきなのではないか。

私の含意をより明らかにするために牛山啓二の問題意識を引き合いに出してみよう。牛山は「米生産費調査」から自作と小作の「農業所得の差＝剰余を単純に『自作のポケットに流れ込む』地代部分と見てよいか」ということを問題とし、「ここでの問題は、自小作中農の生活水準を下まわるような労賃で評価した残りの剰余を地代といえるかどうかと言うことである。これはやはり『労賃からの控除分』とみるべき部分を相当に含んでいるとみなくてはならない」（牛山啓二：1975：181 ～ 182 頁）と言われる。敷衍すれば、牛山がとりあげられている自小作中農が水稲耕作規模で言えば、1.3ha 層前後であることから、この階層においては名目地代が成立していると考えるべきであろう。後述のように、小作農の圧倒的部分が 1ha 以下層であったことであり、生産諸条件からみても、そこでの小作料がはたして地代、わけても差額地代第二形態（DR Ⅱ）と言えるかどうか、ということなのである。もともと DR Ⅱは追加投資の収穫逓減を前提に「投資の可逆性」のもとで、第 n 次投資が独立して市場価格を規定するというのである。しかし、小農民に第 n 次投資が独立しておこなわれるなどということがありうるのか。

労働力市場の構造から容易には脱農しえず農村内に小作として堆積せざるをえなかったとすれば、そこでの小作料は「『労賃からの控除分』とみるべき部分を相当に含んでいるとみなくてはならない」のではないか。

1ha 以下層にあっては、生活費部分の犠牲において高率小作料を支払ったのである。そもそも各階層において生産諸条件・生産力が異なっているにもかかわらず、地代水準の階層性がないと仮定すること自体無理なのではないか。

要するに、原理論からの擬制とされる小農価格の「C ＋ V」論が現実によって問われている現在、その止揚には〈商品経済の原理〉のみで解くことは困難で、〈共同体の原理〉を取り入れることが要請されている、と言えるのではないか。もともと農業は贈与を中心とする相互扶助から成り立つ〈共同体の原理〉で営まれており、〈商品経済の原理〉は付随的なのではないか。農業は〈商品経済の原理〉ではなく〈商品経済の論理〉として〈共同体の原理〉のもとで働くのではないか。したがって、本章は大内力や犬塚昭治のいわゆる大内理論への批判を提示するけれども、実は1980年代末からのマルクス経済学内部からの批判もあるなかで、クレバスを埋めるための一つの解決方法を提示しようとする試みなのである。以下、論を進めよう。

(2) 日本の位置と農業

第一次大戦はまがりなりにも維持されていた世界農工分業体制を解体し、多角的決済機構――ポンド体制が実質的に崩壊することで世界経済の亀裂を決定的にした。不均等発展を著しく拡大させたからである。その著しい不均等発展の拡大のもとで、巨大生産力の処理を図るためには国際均衡・国際協調が不可避的に要請された。そしてそのためにも、国内不均衡を是正し、内需拡大型産業への転換を図ることが不可欠なのであった。そのうえ、産業構造の同質化による農工分業の困難化からも農産物自給化が要請された。だがすでに、労働力市場構造の多層化のもとで著しく労働力配分の調整が困難になっているとき、国内均衡を達成することは資本による組織化の限界をこえていた。資本にとって、その周辺部分を包摂することはいよいよ困難となっており、〈商品経済の論理〉にまかせておいたのでは不均衡は拡大するしかなかった。そこに、この大戦を媒介として社会権を保障し、法治国家の全面的展開が要請される根拠がある。そしてまた、そうした資本の組織化の限界は基軸部門にあたる重化学工業の労資関係よりも、むしろ周辺部分たる農業部門に鋭くあらわれた。こうして、もはや《産業としての農業》、つまり、利潤率均等化法則で想定されるような資本投下部門としての農業部門が成立しえないことが、国家に自給化政策を要請した。

これに対して、圧倒的多数をしめる中小零細企業の労働者は（表13参照）、いちだんと重層性をました労働力市場構造に規定されて不安定であり、かつ差別化と分断化のもとにおかれた。そしてまた、20年代の慢性的不況下で、農家人口の自然増加分は単身流出の形で中小零細企業や、圧倒的多くは商業・サービス業分野に雇用の場を見つけるしかなかった。挙家脱農がますます困難となり、しかも賃労働兼業機会も縮小するなかで、農家経済もまた窮乏化が進行した。

少し敷衍しよう。第一次大戦は労働力市場を拡大し、労働移動の激しさをもたらしたが、大戦の終結は第38回帝国議会で寺内正毅が施政演説方針で強調したように、「武器ノ戦争」にかわって「経済ノ戦争」(寺内正毅：1917：128頁) をもたらした。わけても軍縮と海運不況によって三菱造船が1919年から26年に職工数を3万人から1万4千人と半減させたように、20年恐慌と世界市場構造の変化のなかで、重工業大経営は過剰資本の整理と合理化が要請された。

兵藤釗によれば、重工業大経営においては「旧型熟練」が解体され、新規学卒者の入職資格はほとんどの重工業大経営において高小卒にひきあげられるにいたる。それは「職種の細分化を通じて手工的万能的熟練の分解が進展し、熟練の客観化が進んでいった。しかも、この過程においては……知的熟練を要する新しい職種が出現してきた」(兵藤釗：1971：410頁)。「個別企業的な構造」(兵藤釗：1971：411頁) をもつにいたり、企業内養成施設が設けられる。こうして「昇進序列のうちに組み入れられる……常傭工……この昇進序列から排除された……臨時工あるいは社外工として把握する体制が創出されていった」(兵藤釗：1971：429頁)。それはまたいわゆる年功序列型賃金体系を生み出すだけでなく、相対的過剰人口に基づく産業構造の重層性を前提に、底辺労働者の差別化と階級的無自覚に立つ集団主義を原理とする日本的労資関係の成立過程でもあった。

表13　小工場従業者の総雇用に占める割合 (1930)

産業分類	比率 (%)
食品飲料	96.1
雑	92.2
窯　業	73.1
金属製品	73.1
機械器具	46.0
紡　織	30.5
その他の産業	50.3

〔出所〕山中篤太郎「日本工業に於ける零細性 (下)」『社会政策時報』第249号、109頁、1941年。
(1) 小工場とは、5人未満規模工場。

もちろん技術的合理化は重工業大経営にのみみられたわけではなく、むしろ紡績業や石炭業でこそ著しいものがあった（西成田豊：1988：35〜38頁参照)。細井和喜蔵が指摘するように、「同じ職工であっても大工場と小工場とは技術上の共通点がとぼしい。……それで同じ『織布工』でも大工場に永年居った者が小さい個人工場の経験工ではなく小工場に居ったものはまた大工場へいっても仕事は出来ない」（細井和喜蔵：1925：32頁）というわけである。

こうして、経営側のイニシアティブのもとに、重工業大経営に於ける親方職工や鉱山業に於ける飯場頭の地位低下に象徴されるように、間接的労務管理体制は大戦後には直接的労務管理体制へと移行していった。表14にみるような勤続の長期化は、こうした企業別熟練形成と、のちにみる協調的労働政策にともなう労働条件の相対的改善の中から生じることになる。

とはいえこうした大経営から排除された過剰人口は雇用機会をめぐって激しい競争を展開する。そのたまり場こそが商業・サービス業であり、中小零細企業であったわけである。ちなみに、日雇労働者の就職率（就職者数÷求職者数×100）は1922年、26年、30年、36年に、それぞれ90.3%、88.7%、82.8%、89.8%である（日本統計研究所：1958：279頁）。

ただし、あらかじめ言っておくべきことは表10や表24に示すように、農家経営主体（主幹的労働力である世帯主）は家族の生活費を確保しなければならないことから、都市へ流出する道はほぼ絶たれていたことである。0.5ha経営未満層においても、家族を養うためには重工業大経営の熟練労働者が受け取る賃金に相当するものが必要だったからである。

問題は、「帰農」ということであるが、「多くの帰村者は父兄、親戚の厄介となり、何等農業労働に従事することなく、『白い顔』をして徒食しているのである。否彼等が働かうとしても働く力もなく、又働くべき余地すらも残されていない」（日本農業研究会：1932：221頁）という状況であったから、帰農は「都市に於ける失業者の一部を一時的に隠蔽している」（東洋経済新報社：1930：144頁）にすぎず、帰農者は事実上の失業者というほかはない。森喜一も次のような指摘をされている、曰く「失業者は農村へ押し戻され、その農村自体は、貧農は農業以外の出稼労働で辛うじて生活を営み、五反未満小作農もその収入の四一％を日雇・出稼により、八反〜一町の小作農もその収入

表 14　就業年数別労働者構成（1927）

（単位：%）

		1　年 未満	3~10 年 未満	10~20 年 未満	20　年 以上
機械器具	男　工	5.6	37.6	31.8	16.3
	女　工	18.4	40.7	9.7	0.6
繊　維	男　工	16.2	41.2	14.6	3.9
	女　工	18.1	42.3	4.3	0.8
総　数	男　工	11.0	40,0	22.9	9.8
	女　工	18.6	42.2	5.9	0.9

〔出所〕森喜一『日本労働者階級状態史』354 頁、1961 年。
（1）各項目の合計を 100 とする割合。

の二一％は農業外労働で支える状態の上、恐慌対策の緊縮政策から土木事業の休止・資本家企業の閉鎖でそれら出稼口も失われて、惨憺たる窮状にあった。したがって帰農失業者は決して『帰農』などと呼ぶべきものでなく、ただ農村に失業者の籍を移したにすぎなかった」（森喜一：1961：463 頁）と。これは昭和恐慌下の指摘ではあるが、帰農の本質は 20 年代でも同じであろう（表 15）。

こういうわけで、農村過剰人口の著しい堆積が見られる一方で、しかしそれゆえに彼らは単身で都市雑業層として流出せざるをえなかった。ちなみに小林推計によれば、「〔一九〕二〇－四〇年においては……毎年の減少超過は総数として三〇万人内外にたっする。これを年令的にみると、一四－一九才層における新規労働力の流出超過に一致する」（小林謙一：1961：326 頁）と推計する。また南推計によっても結果はほぼ同じで、農家人口の純流失者は 1921 年 43 万人、22 年 36 万人、26 年 28 万人、30 年 16 万人、32 年 47 万人、36 年 43 万人と見積もっている（南亮進：1970：234 頁の表）。

こうして、たとえば大阪市中央職業紹介所が 1920 年に取扱った男子求職者 8,781 人中の 49% が農村からの流出者であり、21 年 4 月 30 日、大阪市京橋労働紹介所における求職者 250 人中、農業を前職とする者 42.8% であった。また、20 年 6 月 16 日～ 21 年 3 月 31 日の間に、東京府職業紹介所が取扱った失業者 11,299 人中 71% は農村出身者であった（小林鉄太郎：1922：192 頁参

表15　職工・鉱夫の解雇者帰趨状況（1923～31）

年	職工			鉱夫		
	総解雇者 a	帰農者 b	b/a %	総解雇者 a	帰農者 b	b/a %
1923	1,064	354	30.1	237	39	16.5
24	1,044	322	30.8	271	42	15.4
25	910	308	33.8	252	42	16.8
26	842	274	32.6	213	31	14.6
27	685	247	36.1	207	30	14.6
28	655	239	36.5	200	31	15.4
29	672	263	39.0	192	29	15.1
30	569	222	39.0	163	32	19.8
31	656	284	43.3	102	19	18.6

〔出所〕日本農業研究会編『日本農業年報』第1輯、219～220頁より山内算出作成。
(1) 職工については工場法適用工場、鉱夫は常時10人以上使用鉱山の調査。
(2) 26年以降は、ともに50人以上規模工場・鉱山の調査。

照)。すでにみてきたことから言えば、彼等の多くは卸・小売業とかサービス業や中小企業に吸収されていった。

表16は表11との比較を意識しつつ、西田美昭らの諸表から作成したものである。ここでも流出県は農業県である。西田らは1924年から33年にかけて「東北型」では他県への流出、とくに男子において他県への流出が高く(女子は減少傾向)、逆に「近畿型」では他県からの流入が高い（女子は減少）とし（西田美昭：1978：28～29頁、37～38頁の諸表参照)、また同じ在村工業型でも長野と異なり「労働移動が圧倒的流出となっている山梨」（西田美昭：1978：55頁）との違いに注目している。

そこでさらに、0.5ha未満農家層を表17に示す。ただし、これは1940～41年調査であるが、これによると、農業粗収益（農業生産物価格から中間生産物・借入地小作料を差し引いたもの）より農外所得のほうが0.5ha未満層では圧倒的に多かったのである。農業粗収益を100とした場合の農外所得指数をみると、田作地帯では0.5ha未満層142、0.5～1.0ha層44（中央農業会：1943a：

表16　1920年代における女子労働力移動と地主制（1924年基準）

	農業生産力(米反1.9石以上)		農業生産力(米反収1.9石未満)		県
	地主制		地主制		
	強い	弱い	強い	弱い	
流出県	富山　※石川 鳥取　香川 熊本　佐賀	岩手	青森　宮城　秋田 茨城　新潟 島根	栃木　千葉 広島　山口 徳島　高知 長崎　宮崎 鹿児島	農業県
	○山梨　※福井				
中間県	○岐阜　奈良 ○山形	滋賀 ○長野 △愛媛 △和歌山	静岡	○福島 三重　大分	在村工業県
流入県	岡山	△群馬	△埼玉		
	△愛知　兵庫 △大阪　福岡	※京都	東京 神奈川		工業県

出所〕西田美昭編著『昭和恐慌下の農村社会運動』38頁、48頁、49頁、53頁の諸表、1978年より山内作成。

（1）※印は絹織物、△印は綿織物、○印は製糸業の盛んな府県を示す。

59～60頁）、田作兼畑作地帯では0.5ha未満層120、0.5～1.0ha層43（中央農業会：1943b：22～23頁）、畑作地帯では0.5ha未満層121、0.5～1.0ha層43（中央農業会：1943c：22～23頁）、養蚕地帯では0.5ha未満層117、0.5～1.0ha層28（中央農業会：1943d：22～23頁）、といったごとくであった。もつとも、これは戦時体制に入っている時期だから、逆に20年代を考える場合に過大評価すべきではない。ただ、農家の本業は自小作ともに、商工鉱業が多いということ、自作の農家副業は地主が多いのにたいして、小作の農家副業は農林水産業への被傭出稼ぎが圧倒的であることは注目しておいてよい。これは米価構造を考えるうえで重要な点である。

繰り返し言えば、0.5ha 未満の零細小作貧農 = 農村雑業層は、家族の生活を維持しながら中途から商工業労働者として採用される道はなく、脱農もできず、農村内で林業や日雇いなり、極悪な家内副業なりをして日々を過ごしていたといってよいであろう。ここでは〈商品経済の原理〉は働かず〈共同体の原理〉が働いていたのであり、「投資の可逆性」が働く余地はなかったのである。

しかしまた、農村雑業層から析出される女工は農村への還流型ではなく、生きるために都市下層社会へ流出せざるをえなかったのである。農村に堆積せざるを得ない小作貧農 = 農村雑業層は様々な雑業に従事し、相互扶助によって、かろうじて生存が可能であったと言ってよい。いずれにしても、大内力のいう農家経営主体である「農民が賃労働に転化しうる」条件は存在していなかったのである。限られた労働力市場に入っていくためには次三男女の単身流出しかなかった。ましてや 0.5ha 未満経営層の子弟は高等小学校でなく、尋常小学校卒業であり、労働条件の最も劣悪な部門に収容されたのである。大内の言われるような都市と農村との間に自由な労働力移動を想定することは困難だったのである。

他方、欧米先進諸国が世界経済の構造的変化のなかで、後進国・植民地を包摂しえず、自給化政策をとったのとは異なり、現代化のインパクトのなかで「古典的帝国主義」を維持しなければならなかった日本資本主義は、帝国主義的経済構造定着化のために、植民地を含めた食糧自給体制を必要とした。

植民地を含めた食糧自給体制がとられていくことの背景に、肝要なことがある。それは、《米生産費と生計費との乖離》という構造的問題が存在していたことである。つまり価格面から食糧供給を刺激する動因は乏しかったし、米騒動にみられたように米価上昇は労働者や農村雑業層の家計に重圧をかけることになる。そうした構造が存在するもとでは価格機構によって国内自給を達成することは不可能であったし、価格機構の作動そのものが制約されていた。

表17　5反未満経営農家の兼業内容（1940～41）

項目			自作			小作		
			田作	田・畑	養蚕	田作	田・畑	養蚕
農家収入 一戸当たり（円）		農業粗収益	478	378	488	297	252	393
		農外所得	830	514	788	425	412	441
農家戸数割合％		専業農家	18.9	26.9	28.0	23.9	22.3	38.3
	兼業	農業を本業	38.7	36.4	46.5	45.2	46.4	38.9
		農業を副業	42.4	36.7	31.5	30.9	31.3	22.8
農家副業戸数割合％		林業	6.5	6.0	8.7	4.2	6.0	1.6
		水産業	1.4	2.0	―	3.9	―	2.4
		商工鉱業	10.5	12.0	15.7	11.9	10.8	16.8
		官公務	13.9	7.0	13.4	7.4	1.2	6.4
		地主	26.5	24.0	23.6	2.3	1.2	―
	被傭	農林水産	11.1	18.0	12.6	19.0	49.4	31.2
		商工鉱業	7.7	6.0	5.5	11.0	6.0	10.4
		その他	10.5	11.0	6.3	24.2	4.8	17.6
農家本業戸数割合％		林業	4.8	5.1	1.0	7.5	―	4.1
		水産業	1.0	8.9	4.0	2.4	19.6	1.4
		商工鉱業	22.6	24.8	27.3	21.2	33.9	37.0
		官公務	26.1	21.8	26.3	12.7	3.5	8.2
		地主	21.3	12.9	12.1	0.9	―	5.5
	被傭	農林水産	4.5	16.8	16.2	17.0	19.6	12.3
		商工鉱業	4.5	3.0	4.0	13.0	3.6	11.0
		その他	4.5	2.0	2.0	10.4	10.9	12.3

〔出所〕中央農業会『適正規模調査報告』1940年3月～41年2月調査。第一輯（田作地帯）39～40頁、59～60頁、及び第二輯（田作兼畑作地帯）・第四輯（養蚕地帯）の、ともに2～3頁、22～23頁より山内作成。

(1) 畑作地域とは「地域（地帯）別集計票の全農家の経営耕地総面積に対」して、「普通畑面積の割合70%以上のもの」（第三輯、19頁）とあることから、わが国では特例として表示は省いた。

(2)養蚕地域とは同じく「桑園面積の割合30%以上のもの」（第四輯、22頁）。

しかも、国家は前段階のように強権的な食糧増産政策をとることも、もはや現代化の動きのなかでは不可能であった。そのうえ、20年代は再び入超構造におちいったし、綿織業が外貨消耗産業であったが、育成すべき重化学工業もまた、そうした性格をもっていたことにもよって、植民地との農工分業体制にのりだすことで外貨節約と食糧確保をしなければならなかったのである。

こうして、植民地農産物の移入は国内農業をますます停滞化させたし、世界農業問題が深刻化しているなかで世界市場からの価格面での圧迫などにより日本の農業問題は一層深刻なものになっていった。もはや〈商品経済の原理〉では〈産業としての農業〉は成立しえず、しかし農業を国外へ排除することもできなかった。国家による農業政策が不可避的に要請されたが、それは極めて不徹底なものにとどまるしかなかった。というのは、価格政策は生産費を十分にまかなえず、また米価を引き上げることは労働者の家計を圧迫し、対外的競争力を低下させるだけでなく、植民地米の移入を加速する、という悪循環が生じるからである。

こうした戦間期をとりまく日本の位置や労働力市場を考慮して価格機構を考察するべきであるが、いささか奇妙なことに、多くの論者は農産物価格は限界条件における費用価格水準で、大内力の場合は「限界投資」における費用価格水準で規定される、ということを金科玉条として固守してきたのである。そのことが以下にみるように理論と現実のクレバスを拡大していったのである。

Ⅱ 米価構造と労働者の生活水準

(1) 「農家経済調査」からみた可処分所得

議論の出発点は次に示す表18、表19である。農家の農業粗収入から経営費及び諸負担を差し引いて農家の可処分所得を示したものである。もしこれまでの通説が言うように、それが限界労働力のV水準と一致するところがあれば、それが論理的に考えられる「限界条件」とさしあたり判断しておいてよいであろう。「さしあたり」というのは、本書でおいおい明らかにするように、価格を規定するという意味での「限界条件」規定は働かないと考えられるからである。

したがって、犬塚昭治は農産物の価格水準とは農民労働力の価格水準のこと、つまりV（労賃）水準を問題とするが、私は価格水準を所与としてそこから得られる可処分所得水準を問題とするのである。ここで示す農家の可処分所得水準は価格が規定されたことの結果なのであって、価格規定要因ではない。誤解のないように言っておけば、農産物価格水準と可処分所得水準を混同しているのではない。価格水準の規定機構を明らかにする手がかりとして可処分所得水準を問題とするのである。経営費のなかには事実上の支払いをなす小作料が含まれるが、それを地代とは前提としない。また、「直接生産費」には「労賃」があるが、「自家労賃」は擬制なので計上しない。

ここでは、この二つの表に基本的に共通するものとして、一日当たり可処分所得が概して賃労働兼業労賃水準より低く、農業雇用労賃（年雇・臨時雇）水準よりも高い、その中位の水準を推移していることを確認しておきたい。重要な留意点は、ここで「賃労働兼業労賃」とは労賃俸給収入と農外事業収入の合計額のことである。したがって、本来なら「賃労働兼業労賃」という言い方は避けるべきであったかもしれない。

表にかかわって、若干の補足をしておく。その一つは、農業雇用労賃水準が自小作別には自作になるにしたがって、また経営規模別には規模が大きくなるにしたがって、それぞれ低くなっていることである。それは自作・上層になるほど年雇がより多く雇用されているからである。

もう一点、留意しておくべきことは概して下層においては可処分所得水準よりも雇用労賃水準のほうが高いように思われること、それにもかかわらず依然として農業生産に携わっていることである。彼らがしかし農業労働者に転化しないのはなぜか。農業労働者総数の約7割にあたる216万人の多くは1.0ha以下の自小作や小作による「兼業」として供給されたのであって、この下層＝農村雑業層は農村過剰人口のプールだった。「村には容易なる労力の供給が常にあった」（柳田國男：1924：172頁）。上層農はそうした下層の子弟を年雇として、安い労働力を確保しうる限りで経営を維持しえたのである。逆に、下層の人々は年雇として、あるいはいわゆる純粋な農業労働者として、

表18 自小作別農家の可処分所得（1922～30）

（単位：円）

		1922	23	24	25	26	27	28	29	30
可処分所得	小作	0.93	1.25	1.38	1.62	1.22	1.17	1.05	0.98	0.62
	自小作	1.29	1.71	1.90	1.99	1.67	1.34	1.37	1.31	0.81
	自作	1.55	1.88	2.10	2.36	2.01	1.70	1.65	1.54	0.94
賃労働兼業所得	小作	1.63	1.64	1.96	1.73	2.13	2.13	1.88	1.47	1.57
	自小作	1.25	2.05	2.05	2.11	2.95	2.46	1.73	1.89	1.43
	自作	1.97	1.38	2.00	3.04	3.12	2.31	1.91	2.09	2.13
農業雇用労賃	小作	1.12	0.74	—	—	1.08	1.00	1.24	0.91	0.73
	自小作	1.06	0.40	—	—	1.14	1.04	0.84	0.79	0.57
	自作	0.58	0.30	—	—	1.06	0.89	0.66	0.79	0.66

〔出所〕稲葉『覆刻版農家経済調査報告』（以下、『覆刻版』と略記）44～49頁、54～59頁より山内算出（初出は山内司1974、117頁であるが、以下では拙著『序説』117頁、というように略す）。

（1）可処分所得は（農業粗収入マイナス農業経営費マイナス租税公課農業分）を家族農業労働能力換算日数で除して 算出。耕地面積は約1.6～1.7ha。

（2）賃労働兼業労賃は賃労働兼業所得〔（4）参照］を家族労働時間のうち、農業・家事労働をのぞく「其他労働時間」（1924年以降は「兼業労働時間」）で除し、10時間当たりに換算算出。

（3）農業雇用労賃は経営費中の「雇傭労賃」（24年以降は「労賃」）を雇用労働日数（26年以降は「家族以外農業労働」日数）で除して算出。（1924年以降は「兼業労働時間」）で除し、10時間当たりに換算算出。

（4）賃労働兼業所得は、1922～23年は「俸給労銀等」、1924～28年は〔俸給労賃収入プラス（兼業生産物収入マイナス勤労 兼業収入のための支出）〕、1929～30年は〔俸給労賃収入プラス（兼業生産物収入マイナス兼業生産物費マイナス労賃〕。

いつまでも一家の生活をなすなどということはできなかった。

しかも、下層において雇用労賃が高いといっても、田植期や刈取期に日雇や臨時雇を雇うからであって、その日雇や臨時雇も年中仕事があるわけではない。種々の農村雑業に従事することで生活の再生産ないし生存がかろうじ

表19　経営規模別農家の可処分所得（1922 ～ 36）

（10 時間当たり)(単位 : 円）

	ha ＼ 年	1922	23	24	25	26	27	28	29	30	36
可処分所得	0.5 ～ 1.0	1.02	△ 0.52	2.00	2.02	1.52	0.89	1.23	1.05	0.62	1.10
	1.0 ～ 1.5	0.98	1.21	1.61	1.50	1.54	1.30	1.23	1.24	0.73	1.29
	1.5 ～ 2.0	1.10	1.20	1.79	1.38	1.69	1.47	1.54	1.31	0.82	1.25
	2.0 以上	1.40	1.08	1.70	1.92	1.64	1.41	1.61	1.36	0.87	1.44
賃労働兼業所得	0.5 ～ 1.0	2.23	5.42	1.13	1.76	3.11	5.28	※ 3.76	※ 5.45	2.23	1.08
	1.0 ～ 1.5	2.08	0.86	2.08	※ 3.69	2.05	2.90	3.91	※ 2.07	3.13	0.89
	1.5 ～ 2.0	2.58	※ 3.56	1.87	2.06	3.47	2.29	※ 3.12	3.13	1.98	1.06
	2.0 以上	※ 2.96	3.23	2.66	1.98	2.64	2.60	※ 2.87	※ 4.84	※ 3.54	0.62
農業雇用労賃	0.5 ～ 1.0	1.68	0.80	1.21	1.07	2.38	1.06	0.89	1.81	0.96	0.88
	1.0 ～ 1.5	0.52	0.86	1.23	0.82	0.81	1.01	0.84	0.69	0.59	0.82
	1.5 ～ 2.0	1.10	1.25	2.41	1.01	1.03	0.83	1.32	0.63	0.59	0.82
	2.0 以上	0.85	0.56	2.22	1.07	1.89	0.92	0.61	0.63	0.51	0.81

〔出所〕農家経済調査改善研究会『大正 10 年度～昭和 16 年度農家経済調査概要』（以下、『調査概要』と略記）、27 ～ 81 頁、112 ～ 117 頁より山内算出（拙著『序説』118 頁より引用）。

（1）可処分所得は（農業粗収益マイナス農業経営費マイナス租税公課農業分）を家族自家農業労働時間で除して換算算出。

（2）賃労働兼業労賃は賃労働兼業所得〔（5）参照〕を家族農外労働時間で除して換算算出。

（3）農業雇用労賃は経営費中の「労賃」総額を雇用労働（年雇・臨時雇）時間で除して換算算出。

（4）労賃俸給所得を 100 とした場合、農外事業所得が指数で 45 以上のものは※印を付けた。

（5）賃労働兼業所得は〔労賃俸給収入プラス（農外事業収入マイナス農外事業支出）〕。

て維持されていた。こういう事態がなぜ生じたかといえば、下層農＝農村雑業層が容易には都市労働者に転化できなかったからである。表示の自小作別農家の耕地面積は注記したように、ほぼ中層（約1.6～1.7ha）に属していたのである。

(2) 「米生産費調査」からみた可処分所得

表18、表19は農家層を単位として総体として農家の可処分所得を問題としてきた。対象期が米を中心としたほぼ同質化した農業構造であるとみてよいこと、その場合には資本条件は経営規模と比例すること、そして農産物販売から得られる可処分所得は経営規模が大なるほど･また自作農になるほど、より多くなること、こういうわけで総体として扱うことでおおよその問題の所在が明らかになるからであった。しかし、原理的には個別に農産物価格を検討すべきであろう。そこで、以下では限られた資料の範囲においてであるが、すこし検討しておこう。

さしあたりこの期において利用できるのは帝国農会『米生産費調査』である。米穀法が制定された1922年から、農商務省（後の農林省）と帝国農会によって米生産費調査がおこなわれるが、前者は聴き取りによる非公式の調査で、1929年、1930年分しか公表されていない。そして農林省が記帳式による調査を実施するのは米穀法第2回改正（1931年2月）によってである。後者の帝国農会調査ははじめから記帳式による調査で、1922～24年は各道府県から9戸を標準として「稲作を中心とする農業組織の地方で……この種の調査を行なうのに適当な農家」（石橋幸雄：1961：解説編、7頁）が委託された。調査戸数は22年378戸、23年342戸、24年370戸である。1925～29年は「農業経営改善調査および農家経済調査農家の記帳簿からの抽出調査」で「上層優秀農家についての調査」（石橋幸雄：1961：解説編、39頁）であった。調査戸数は25年272戸、26年196戸、27年168戸、28年208、29年110戸である。1930年以降は自作農で「正確に調査し得ることを主要条件として、米作収入が農業総収入の半ば以上を占めるものを目標に選定した」（石橋幸雄：1961：解説編、15頁）。この30年の調査戸数は771戸である。

なお、農林省調査は31年から土地資本利子の計算にあたって、類地小作料を庭先米価で評価したものから租税公課を差し引いて算出するという類地小作料方式を採用、帝国農会ははじめから田畑売買の時価にたいする年利率4分で算出するという田畑売買価格方式を採用しており、種々の対立をひきおこしたのである。

そこで、米価から得られる一日当たり可処分所得水準を算出しよう。この調査は1922～24年までとそれ以降とで調査方法が異なっている。そして22～24年において自小作農の場合は、「間接生産費の内容区々複雑にして真相の判定困難」という理由で、「間接生産費」には農具費のみ計上され、農舎費・公課・土地資本利子及び小作料は計上されていない。また25～29年までの小作料は「土地費」に土地資本利子・小作地の小作料・公課が一括して含まれている。そこで推計によって表20を算出した。推計は次のとおりである。

第一に、1925～29年について。自作の「自作地の土地価格」を資本利子4分で計算すると原資料の「土地価格」にほぼ照応する。その差額は25年75銭、27年0銭、29年78銭となるがごく少額であるから、自作農には小作地はないものとし、原資料の「土地費」を土地資本利子額とする。自小作農については「自作地の土地価格」を資本利子4分で計算し、原資料の「土地費」からそれを控除したものを「小作地の小作料」と公課の合計額とみる。その合計額は25年から29年までの各年で、それぞれ13.32円、10.96円、9.03円、10.94円、9.06円である。小作農については原資料の「土地費」を小作料額とみなし、土地資本利子額は含まないものとする。

第二に、1922～24年は、自作農と小作農の諸数値は原資料のまま利用する。自小作の農舎費については、農舎数・同新築価額・同一ヶ年減価金の自小作別の同年の対比からみて、自作農と小作農の同年の農舎費の平均値を充てる。また自小作農の土地資本利子額は上記の方法によって算出した25年以降の自作農と自小作農の同年の土地資本利子額の趨勢から判断して、自作農の土地資本利子額4分と3分の場合の平均値をもって充てる。自小作農の公課と小作料についても、25年以降の自作農と自小作農の同年の趨勢から判断して、便宜上、自作農の公課額をもって彼の公課と小作料の合計額とする。

こうして算出された数値によると、20年恐慌後の22年や金融恐慌後の28

表20　家族稲作労働一日当たり可処分所得・雇用労賃・工業労賃（1922～29）

（単位：円）

	年	1922	23	24	25	26	27	28	29
可処分所得	自作※	3.69	3.31	4.51	4.42	3.8	3.62	3.03	
	自作(A)	0.40	0.90	1.71	2.25	1.52	1.49	1.20	1.35
	自作(B)	1.56	2.02	2.97	3.97	3.28	3.06	2.77	2.94
	自小作(A)	0.96	1.14	1.81	1.76	1.45	1.40	0.95	1.26
	自小作(B)	1.61	1.84	2.47	3.21	2.91	2.72	2.45	2.63
	小作	0.76	0.81	1.49	1.73	1.43	1.43	1.09	0.95
雇用労賃	自作※	1.47	1.40	1.62	1.42	0.61	2.31	2.12	
	自作				1.39	1.34	1.26	1.31	1.22
	自小作				1.36	1.35	1.22	1.20	1.13
	小作				1.29	1.34	1.50	1.17	0.99
三菱神戸造船		2.42	2.69	2.57	2.63	2.72	2.79	2.85	2.82
八幡製鉄		2.48	2.49	2.53	2.54	2.63	2.55	2.93	3.04
住友製鋼		3.32	3.75	4.02	4.16	4.61	4.85	4.90	4.78

〔出所〕※印（自作）の数値は中村吉治編『宮城県農民運動史』462頁、重工業大経営の「平均日収」は兵藤『日本における労資関係の展開』472頁、他は石橋編『帝国農会米生産費調査集成』46～47頁より算出（拙著『序説』149頁より引用）

（1）自作、自小作の（A）は土地資本利子を生産費に含めた場合、（B）は含めない場合の数値である。

（2）耕地面積は1924年までは自作1.2ha、自小作1.3ha、小作1.0ha前後。1925～27年は稲作面積で自作1.5ha、自小作1.4ha、小作1.4ha前後。※印の高橋家は経営面積2.8ha前後。

（3）可処分所得算出のための諸数値は本文に記したように原資料にもとづき山内が推計した。

年には、小作農の一日当たり可処分所得はそれぞれ0.76円（耕地面積1.1ha）、1.09円（耕地面積は不明）であり、24年や26年のように相対的に景気が安定していた年には、それぞれ1.5円（耕地面積1.0ha）、1.4円（稲作面積1.3ha）である。さきに注記したように、「上層優秀農家についての調査」であり、それでさえ一日当たり可処分所得は農業日雇賃金水準である。

表の可処分所得水準（A）をみよう。これは地代負担者としての企業者的人格からみた地代に相当する土地資本利子額をコストとして評価した場合である。1922 ～ 24 年であるが、その水準は自小作が最も高く、小作が低い。その最も高い自小作（耕地面積 1.3ha）にしても一日当たり可処分所得水準は都市細民たる 40 円所得階層の世帯主一日当たり労賃にほぼ照応する水準でしかない。1925 年以降は自作が高く、小作になるほど低いが、その稲作面積が 1.4 ～ 1.5ha というのは総耕地面積では少なくとも 2ha 以上とみてよいであろう。こうした上層農家でさえ、しかし挙家脱農が不可能であったことは次項でみるとおりで、彼らの一日当たり可処分所得水準は都市工場労働者の平均賃金 1.5 円前後であった。

この水準では、脱農しないまでも稲作を縮小して他の有利な作目に転換すると思われるのに、あまり明確な動きがみられないのはなぜか。それは第一に、こうした上層では家族労働力によってのみでは経営はできず、雇用労働力が増えること、第二に、土地資本利子は彼らにとっては自作地地代として、労賃部分と結びついて所得範疇としてあらわれ、この所得水準が労働配分を規制していたであろうことによる。つまり、表 20 の可処分所得として示した（A）は一日当たり V 水準を示し、(B) は現実に労働配分を規制する可処分所得水準を示していたであろう。そして、この後者（B）は重工業大経営労働者の平均日収に匹敵したわけである。問題関心は、こうした上層にとっては農業雇用労賃と米価であった。こうした層は〈商品経済の論理〉で生産に従事していたからである。

ここですこし、地域別にみた稲作労働の一日当たり可処分所得水準を示すと、表 21 のようになる。22 年の府県平均の稲作面積は自作 1.3ha、小作 1.1ha、25 年の府県平均の稲作面積は自作 1.6ha、小作 1.5ha で、「優秀農家」を対象とした数値である。自作（A）は土地資本利子を生産費の一部としてみたもので、稲作労働一日当たり可処分所得水準をあらわすものとすれば、22 年、28 年のごとき「不況」期には概して低くなり、22 年には北陸（耕地面積 1.3ha）・中国（同、1ha）はマイナス、28 年には東山（同、不明）がマイナスとなる。この 22 年や 28 年は庭先価格が平均生産費をも下回っていたのである。だが既述のように、自作における土地資本利子はいわば機能地代とで

表 21　地域別・家族稲作労働一日当たり可処分所得・雇用労賃水準（1922 ～ 28）

（単位：円）

			東北	関東	北陸	東山	東海	近畿	中国	四国	九州
可処分所得	1922	自作 (A)	0.36	0.06	マイナス	1.09	0.53	1.34	マイナス	0.17	0.88
		自作 (B)	1.45	1.11	0.96	2.08	1.60	2.99	0.96	1.36	2.07
		小　作	0.61	1.60	0.69	0.98	0.99	1.73	0.39	0.36	0.92
	1925	自作 (A)	2.11	1.57	2.00	1.65	1.59	2.19	2.51	2.67	2.42
		自作 (B)	3.16	2.93	3.35	2.52	2.87	3.72	3.39	4.24	3.81
		小　作	1.43	1.50	1.51	1.49	1.59	2.00	1.68	1.30	1.15
	1928	自作 (A)	1.69	0.84	1.11	マイナス	0.77	1.22	1.46	1.17	1.71
		自作 (B)	2.50	1.79	2.26	0.20	2.17	2.75	2.95	2.48	3.32
		小　作	0.94	1.17	1.56	1.51	0.54	1.34		0.92	1.24
雇用労賃	1925	自　作	1.39	1.67	1.23	1.85	1.59	1.61	1.11	1.51	1.17
		小　作	1.20		1.33		1.39	1.39	1.19	1.28	0.90
	1928	自　作	1.08	1.46	0.97	1.59	1.40	1.54	1.63	1.33	1.11
		小　作	1.08		1.70	1.34		1.38		1.00	1.36

〔出所〕石橋編『帝国農会米生産費調査集成』60 ～ 65 頁、80 ～ 85 頁、98 ～ 103 頁より山内算出（拙著『序説』156 頁より引用）。

(1) 東山とは山梨、長野、岐阜、東海とは静岡、愛知、三重。

(2) 自作（A）は土地資本利子を生産費にふくめた場合、自作（B）はそれをふくめない場合の計算。

も言うべきものであって、実質的な支払いをなすものではなく、彼の所得の一部を構成すると言ってよい。こうして自作（B）の小作にたいする優位性は明らかであろう。

これに対して、小作農における小作料の支払いは再生産の視点からみて実質的な支払いをなす。小作農の可処分所得が全国平均より低い地域は、22 年では東北（耕地面積、1.6ha）・北陸（同、1.4ha）・中国（同、0.8ha）・四国（同、0.7ha）、25 年になると近畿を除く全域が低くなる。というのも、府県平均稲作面積が 1.5ha に対し、近畿は稲作面積 3.7ha と異常に大きいのである。28 年にはその耕作面積がわからないが、東北・東海・四国の可処分所得が低い。しかし、いずれにせよ、1 ～ 2ha 経営規模農家はほぼ都市労働者の賃金に相当する可処分所得を手に入れていたとみてよさそうである。

もちろん表22にも明らかなように、個別農家の家族一人一日当たり農業可処分所得と雇用労賃の水準を、稲作のそれと比べてみれば、稲作のほうが概して高めであること、東北などにおいては他地域と比較して雇用労賃が低く、一日当たり可処分所得水準が低いものであることは推察されよう。

ちなみに経営面積2.8ha前後の高橋家の事例によれば、その一日当たり稲作所得は重工業大経営の住友製鋼の平均日収に相当するほどの高い水準である。同家が記録する1922年度の『年度状況』は「米価ハ依然トシテ高騰セズ亦タ下落モセズ上下ノ巨離ナク殆ンド釘付相場ノ状況ナリ、労銀少シク軟化セルモ尚米価ト比較スレバ尚ホ高キノ感アリ」(この年、一日当たり所得3.69円、雇用労賃1.47円)。また24年度の『年度状況』は「米価ハ漸落ヲ辿リ三十円ヲ中心トシテ昇下ス労銀ノ依然トシテ大正八年〔1919〕ノ夢醒メズ米価ト併行セズ」(この年一日当たり所得4.51円、雇用労賃1.62円)(佐藤正:1968:458頁)、と述べている。

以上から、この米生産費調査、繰り返し言うが「上層農家についての調査」で、1.0ha以上層において、V水準が階層にかかわらず一定とした場合、地代が生じ、小作料は地代から支払われていたと考えてほぼよいであろう。1ha以上層は生産費がカヴァーされ、結果的に可処分所得が実現された。もちろん、可処分所得で米価が決まったわけではない(この項、詳しくは山内司:1974:146~158頁参照)。

しかし肝要なことは、1.0ha未満層にこそ小作農の8割が堆積していたという事実なのである。この事実が諸先学から全く無視されているのである。下層農民はのちにみるように〈共同体の原理〉で生産に従事していたのである。

ところが犬塚は、この『米生産費調査』から「一般に小作農の稲作労働一日当りVはやはり過剰人口としての労働力価格水準をしかいみしない。しかもこのばあいの小作農は、経営面積からいえば、一~二町層の中堅農家なのであるから、それ以下の階層の小作農家、すなわち日本の大半の小作農家はこの小作農の稲作労働力の価格水準以下のものしか実現していないであろう。そのいみではいっそう深刻な過剰人口を形成しているとみなければならない」(犬塚昭治:1967:117頁、120頁)、そして自作農の場合も「この階層

表22　個別農家の家族一人一日当たり可処分所得・雇用労賃（1922 ～ 33）

（単位：円）

	耕地面積	一人一日当たり農業可処分所得				一日当たり農業雇用労賃			
	1924年	1924	'27	'30	'33	1924	'27	'30	'33
岩手 M4	4.28ha	0.47	0.48	0.18	0.64	0.37	0.90	0.69	0.49
岩手 M8	1.98	0.54	0.69	―	0.92	0.67	0.82	0.79	0.62
山形 M6	4.20	3.97	3.57	2.66	1.98	1.23	[1.07]	(0.56) ※	[0.53]
茨城 S23	1.72	1.14	1.36	1.36	1.53	―	(0.76) ※	(0.64) ※	(0.55) ※
埼玉 M9	2.27	1.63	0.87	―	1.08	[1.22]	1.44	[0.70]	[0.55]
千葉 S59	1.86	1.67	1.74	0.67	0.66	0.63	[0.72]	(0.41) ※	(0.44) ※
富山 S33	1.34	2.18	1.72	1.46	1.20	―	―	―	―
石川 M16	2.10	2.18	1.36	1.29	1.02	2.03	1.91	1.51	1.22
福井 S35	1.93	2.47	4.05	2.10	2.87	1.12	0.92	0.80	0.73
岐阜 S40	0.96	3.03	2.23	1.45	2.08	1.20	1.16	―	0.70
愛知 M84	1.81	2.07	1.08	0.50	1.02	0.76	―	0.86	0.27
三重 S44	1.75	1.87	2.11	0.81	1.64	1.95	1.77	1.16	0.89
三重 S45	1.63	1.70	1.95	0.88	1.43	2.30	―	2.23	0.72
兵庫 S54	1.63	3.05	2.59	1.49	1.98	1.59	2.71	2.06	2.01
和歌山 M29	2.03	4.40	3.42	1.61	2.43	1.97	1.33	1.01	0.67
岡山 S58	1.77	3.07	2.62	1.33	1.90	2.08	2.10	1.15	1.06
山口 M71	1.72	1.43	1.81	1.06	2.10	1.21	1.00	0.86	0.67
愛媛 S72	1.20	1.84	1.08	0.51	1.09	0.59	1.49	1.01	0.40
佐賀 S77	1.30	1.49	2.40	0.96	1.12	1.07	(1.15) ※	1.09	1.04
長崎 M79	2.50	1.27	1.26	1.36	1.66	―	1.19	―	0.56

〔出所〕帝国農会『自大正十三年至昭和八年最近十ヶ年に於ける農業経営の変遷』の「農家別農業経営の変遷」1 ～ 119頁より山内算出（拙著『序説』157頁より引用）。

（1）表示のうち、カッコ〔　〕は臨時雇・年雇をほぼ同数含むことを、また丸カッコ（　）は年雇を、さらに※印のあるものは臨時雇を若干含むことを示す。

の稲作労働力もやはり一種の過剰人口のV水準しか実現していない」（犬塚昭治：1967：123頁）と言われるにとどまる。犬塚は「上層優秀農家」でも「過剰人口としてのV水準」しか実現していないが、1町以下の小作農は「いっそう深刻な過剰人口を形成している」と言われながら、そこでの小作料はDR Ⅱが形成されると言われるのだから、私としては理解に苦しむ。

次章でもふれるが、犬塚は「二〇年代における不況の展開は……兼業機会を縮小せしめ、労働力を自己の農業経営にいわば重投せしめることになる。……その結果、この層の地代水準は相対的に増大傾向をみせることになり……いわゆる小作料率も事実増大することになる」（犬塚昭治：1967：263～264頁）。それは「地代水準が相対的に増大したから家族労働力の価格水準が低下したというのではないのであって……まず不況の展開による過剰人口の一般的存在があって、それがこの層の農民労働力をして自己の零細経営に重投せしめてその価格水準を低下せしめ、その結果地代水準が相対的に増大することになる、という論理」（犬塚、同上 264頁）と言われる。

はたしてこういう論理は成立しうるであろうか。大内力も指摘されるように、「差額地代Ⅱのメカニズム」は継起的に投下される諸資本のうち、「もっとも生産性の低い投資によって市場価格が規制されるために、生産性のより高い資本に生ずる超過利潤に基礎を置く地代」（大内力：1958：81頁）が生じるということであり、そのためには「それぞれの投資の、いわば可逆性」（大内力：1958：111頁）がなければならない。犬塚の分析では下層（0.5～1.0ha層）は兼業機会が縮小するなかでいよいよ投資の可逆性を失っているし、この下層は「生産性のより高い資本」経営とは到底言えないはずなのである。そもそも犬塚は、限界条件がどこにあるかについてふれてさえいない。

下層・小作農ほどより一層劣悪な生産条件と低い生活水準に甘んじざるをえなかったのであり、その小作料は地代範疇をもって擬することはできない。問題の焦点は、限界投資――限界条件によっては市場価格が決定されない、ということにある。小作貧農層＝農村雑業層は、種々の雑業に従事することによって、かろうじて米作をおこなっているのである。この層は、〈共同体の原理〉によって再生産がかろうじて可能となっていたのである。つまり、「もらう & あげる」の贈与交換をおこない相互扶助によって生存していくのである。

問題は再度ふれるならば1ha以上層ではなく、それ以下層の小作農はどうかと言うことである。すでに明らかなように、規模が小さい小作になるほど一日当たり生活水準は低かったのであり、しかも労働力市場構造から兼業機会も狭小になっていたのである。そのうえ農業生産構成が著しく稲作にかたよっているとき、その生活水準は単身流出に照応するような、生存水準が実現されるかどうか、という程度までおしさげられたとみなければならない。そうして構造的におしさげられた生活水準が不当に高き小作料を生むことになった。この生存水準さえ維持できないときに、借金の挙句、夜逃げ同様の挙家脱農的形態が生まれたわけである。

米価は限界条件における費用価格で規定され、それより優位な生産条件をもった経営には差額地代、とくにDR Ⅱが生ずる。それが1ha経営未満に8割をしめる小作農の小作料であるという見解は、実証的にも成立不可能であると言ってよいであろう。このことは、では米価は何によって規定されていたか、という新たな問題を生むが、それは次節で考察しよう。

(3) 労働者層の生活水準と農民労働力の供給価格

A 労働者の生活水準

20年代には工業部門における実質賃金の上昇がみられる反面、植民地米の流入のなかで、米価は著しく低落したこと、しかも米生産費と家計費との間に一定の関連があったことに留意されねばならない。

そこで、労働者の生活水準に立ち戻ることを通して、工業労賃と農産物価格水準の関係をより明らかにしていこう。1921年調査の協調会『俸給生活者及職工生計調査報告』によると、全国12府県の俸給生活者・職工世帯の一ヶ月当たり平均総収入132円、総支出129円、そして世帯主収入は89円となっている。世帯主の一日当たり賃金は一ヶ月27日就業するものとすれば3.28円となる（協調会：1929：183～184頁の表、及び日本銀行統計局：1966：356～357頁の表）。これはしかしかなり高い水準であって、一般的な平均とみるわけにはいかない。それゆえ、月収50～100円層についてみると、俸給生活者の総収入84円、その77%にあたる63円が世帯主収入である。ここでは家族収入は5円（総収入の6%）、総支出は84円である。同じく月収50～100円層の職工世帯の総収入は79円、その75%にあたる60円が世帯主収入である。ここでは家族収入は8円（総収入の10%）、総支出は79円となっている。この賃金層の支出には貯蓄的支出が含まれているから、それを除いた「実支出」額は俸給生活者世帯73円、職工世帯69円となる（協調会：同上：183～184頁の表、及び日本銀行総計局：同上；356～357頁の表）。そうすると世帯収入のみでは、それぞれ10円、9円の不足となり、家族収入を含めてもそれぞれ5円、1円の不足となる。この不足分は俸給生活者ではおもに貯蓄引き出し・実物収入、これは贈答の慣習が多かったからであるが、職工では借入・入質などによってうめあわされた。だがこれらの層でも一日当たり賃金が俸給生活者2.34円、職工2.20円と、やはり高い水準にあったことに注意しておく必要がある。

兵藤釗の研究によれば、1920年の住友伸銅・住友製鋼・住友電線『在阪工業労働者調査』では「妻帯している男子労働者は四,五八一名を数えたが､そのうち妻が就業しているケースはわずかに五二二名、五.七%にすぎなかった」（兵藤釗：1971：478頁）し、「一九二九年の八幡製鉄所では……一世帯当たりの就業者数は一.一四人にすぎなかった」（兵藤釗：1971：478頁）。ちなみに、30年の「国勢調査」によれば世帯当たり就業者数は工業1.54人、農業3.48人であった。重工業大経営の労働者世帯における妻の就業が少ないのは、その労働者の一日当たり平均日収が表20にもみるように少なくとも2.4円以上の水準にあるからである。かりに2.4円で27日就業するとして月収65円である。また、兵藤の示す「小経営主の一ヶ月当たり実収入」の表（兵藤釗：1971：475頁参照）をみると、資本金千～2千円の機械工業の小経営主の月収52.2円（同、金属工業では38.7円)、資本金2千～5千円の機械工業の小経営主の月収82.7円（同、金属工業では96.4円）であることから、21年の協調会調査の月収50～100円層の職工も大経営労働者が対象となっていると思われる。

当時の一般的な賃金水準が男子1円～1円50銭、女子70～80銭であることから言えば、表23に示した50円未満所得層のほうが、一般的な労働者世帯と考えたほうがよいであろう。表23は、1921年の東京市（四谷・浅草・深川）の低所得世帯 497 を調査したものである。同調査は、妻ある世帯 454 のうち、その 44% に当たる 201 世帯で妻の就業がみられることを明らかにしているが、その実態は表にみるとおりである。「配偶者・家族収入」の合計で総収入の 10 ～ 15% を占め、「総平均」7.82 円の内訳は「配偶者収入」3.11 円、「家族収入」4.71 円である（内務省社会局：1922：54 頁）。「低所得世帯」とは言いながら、大経営労働者をかなり含んでいると思われる点に留意しておかねばならない。逆に都市下層社会においてはかなり多就業形態がみられたことはよく指摘されるところである。たとえば協調会『最近の社会運動』1929 年刊、は 1924 年の「労働統計実地調査報告」によりつつ、次のように述べている。調査総数 132 万人中、男子有配偶者は 33 万人（25%）にすぎず、それはなお軽工業を産業の中心としていることの反映であるばかりでなく、またその「軽工業は女子及年少男工に多くの労働機会を与へ、しかもその給与状態は良好ならざるが故に、勢ひ夫婦共稼を多からしめ、且つ漸く生産年齢に達したばかりの男女をして工場労働者たらしめる。…有配偶女工の数は一二二,四二七人にして有配偶男工数の約三割七分に当るのは、如何に夫婦共稼ぎの多きかを物語るものである」（協調会：1929：181 頁）と（以上この項詳しくは、山内司：1974：136 ～ 139 頁参照）。

いまや、都市労働者世帯平均の一人当たり家計費が、1920 年代の男子労働

表 23　東京市の低所得世帯一ヶ月当たり家計費（1921）

(単位 : 円 , %)

所得階層	～ 50 円	50 ～ 100 円	100 円以上	総平均
収入合計	43.27 (100.0)	70.56 (100.0)	119.68 (100.0)	72.26 (100.0)
世帯主収入	31.32 (72.3)	53.84 (76.1)	64.70 (54.0)	52.08 (72.0)
家族・配偶者収入	6.13 (14.1)	6.75 (9.5)	17.81 (14.9)	7.82 (10.8)
支出合計	40.53	63.06	97.33	63.74
世帯主一日当り賃金	1.16	1.99	2.76	1.93
一人一ヶ月当り家計費	10.95	14.33	19.86	14.82

〔出所〕内務省社会局『大正十年調細民調査統計表』55 頁より山内算出作成。
(1) 世帯主一日当たり賃金は世帯主収入を 27（日）で除して算出。
(2) 一人 1 ヶ月当たり家計費は支出合計を「世帯人員」で除して算出。

者の一般的な賃金水準（1円50銭前後）からみても高くでていること、そして調査対象の最下層、月収40〜49円層こそが当時の支配的な労働者の家計費水準を示していた、と言ってよいであろう。それで大過ないとすれば、労働者と農民の生活水準については次のように言える。第一に、2.0ha以上経営の自小作農や1.5〜2.0ha経営の自作農は月収70円所得階層の都市労働者の生活水準とほぼ均衡、第二に、0.5〜1.0ha経営の自小作農や1.5〜2.0ha経営の小作農は月収43円所得階層の都市下層労働者の生活水準とほぼ均衡していたこと、以上である。ここでも肝要な点、小作農の8割を占める1ha以下層の動きはわからない。

B　農民労働力の供給価格

こうした「均衡」も農民の著しい過剰就業によって保たれているとすれば、農民労働力の供給価格が実際にいかなる水準にあったかを問題にしなければならない。というのも原理的には前項でみたように、農産物価格から得られる農業可処分所得水準が限界労働力のV水準に一致するところで、価格水準は決まると考えてよいが、ただしそれは、農産物価格から得られる可処分所得水準が農民の移動可能な範囲の賃労働所得水準より高ければ、農民は兼業化ではなくよりいっそう農業労働に労働力を投下していくであろうし、逆の場合は、農民は農業への投資を引き揚げて、兼業化、脱農家していくであろう。しかし、そうした労働力移動を可能とする条件はなかったのである。過剰就業もそこからくると言ってよい。

そこで、ひとまずそういう観点からの分析をおこなうことにしよう。そのさい、農民労働力の供給価格は彼らのおかれた経済条件を反映して、自小作別、経営規模別や、労働力の供給主体の地位などによって異なるであろう。第一に、挙家離農の場合には、従来の家計費をまかない得る労賃水準が確保されることが最低限必要であろう。厳密に言えば、農家資産の処分費や移動・移転費、住居費などもコストとして計上するべきであろうが、ここでは傾向さえ把握できればよいから、それらを度外視しておく。第二に、農業基幹労働力が通勤または出稼ぎの形態を通して労働力を供給する場合には、これまで一日当たり農産物価格から得られる可処分所得水準よりも、兼業労賃水準が多少とも高いという条件が必要となろう。第三に、農家の次三男女が単身流出する場合には、従来彼らが得ていた一人当たり家計費をカヴァーしうる労賃水準が得られることが最低限必要となろう。

犬塚は「農民家計費をもって農民のV部分とみなすこともしばしばおこなわれているが、それは一般性をもつものではない」（犬塚昭治：1967：103頁）として「小林謙一氏が、工業労働者一日当たり賃銀に比較するのに農家の家計費水準をもってこられたことには、問題がのこる」（犬塚昭治：1967：103～104頁）とされたことは、理解に苦しむ。なぜなら、農民の可処分所得とは、労働者のように労働力の販売ではなく、自家労働の評価部分であり、そこには地代部分や財産利用所得などを含みうるし、またそうでなければ労働者との所得の比較はできないのではないか。

表24はそういう観点から作成したものである。ここでの数値は景気変動の影響や農業生産にまつわる自然的要因などによって、各年度の数値が相当にまちまちであるけれども、概して次のようにかつて要約したことがある。

第一に、挙家離農の場合には、0.5～1.0ha層においてすら2.8～3.0円台の賃金水準が、また1.5～2.0ha層の小作農の場合でも2.4～2.8円台の賃金水準が得られなければ、脱農はおこりえないことになる。既述のように、2.6円以上というのは重工業大経営の熟練労働者のそれであって、これまでみてきた労働力市場構造と小作農や下層農の経済的地位・学歴などを考え合わせると、そうした労働機会が与えられるとは到底思われない。そうだとすれば、挙家離村者は野尻重雄が実証的にも明らかにされたように、「家族員の比較的少数なる貧農の生活破綻者であり、極貧農の農業からの転落者である。土地の執着から切離され、恰も其の姿をくらますかの如く、行先さへも明らかでない村からの逃避者である」（野尻重雄：1942：23頁）、ということになる。

1.5～2.0ha層の自小作農においては3.3円以上、自作農にいたっては4円以上の賃金水準が得られなければ挙家離農はしないであろう。当時の労働事情のもとでは、そもそも挙家離農を可能にする条件はなかったと言ってよい。そのことが、農村内部に堆積させたのであり、農産物価格がかりに長期にわたって低落したとしても、こういう構造のもとでは依然として農村内にとどまらざるをえないことになる。限界条件規定が作動する条件が構造的に欠如していたと言ってよいであろう。

第二に、次三男女が単身で流出する場合には、0.5 ～ 0.6 円台の労賃水準が得られれば、経営規模別・自小作別にその大きさは若干異なるとはいえ、労働力は供給されうるであろう。これら単身流出者の男女別・階層別にみた移動年齢を野尻の実証分析からみると、「男子に於ては満十五歳―十九歳に至る青年前期移動が最高を占め……女子は男子より若い十四歳未満の少年期移動を絶対的に最大ならしめつつ青年前期移動も多い」(野尻重雄：1942：174 頁)。また「農家の経済的地位の低くなるにつれ……より一層若い満十四歳未満の少年期移動が促進せられる。そして此の関係は女子の移動に於て、特に顕著に表現せられている」(野尻重雄：1942：174 ～ 175 頁)と。さらに「富裕村・中庸村・貧窮村と村の地位の低下する程、より多く若い少年期移動を行ふ。女子の移動は此の場合に於ても、男子より鋭敏に表れる」(野尻重雄：1942：175 頁)。最後に、「経営規模の小なる村程、より多く若き少年期移動を促進…労働集約度の高い養蚕村や園芸村よりも、それに比して低い純水田村の方が、より男子の若き少年期移動を促進しつつある傾向が強い」(野尻重雄：1942：175 頁)と言うことになる。

これらの野尻の指摘は 1940 年前後の調査に基づくものであるけれども、20 年代にもこうした関係があったであろうことは十分推測される。

1936 年には内閣統計局(1939 年、第二部、4 ～ 21 頁)の数値によれば、14 歳未満層において 0.5 ～ 0.6 円台の労賃水準は得られたのであるから、次三男女の単身流出は可能であったし、また農家の経済的条件が彼らを農外へ押し出したのである。ちなみに、1936 年の数値は 50 人以上使用工場のものであり、表示しないが同じ内閣統計局の「労働統計実地調査」1924 年調査(30 人以上使用工場)のデータでは 12 ～ 13 歳の賃金は土木建築(男)0.80 円、繊維(女)0.57 円である。1936 年は景気が回復しつつある時期ではあるが、1924 年水準にまで回復していないのである。

農家経済が自然増加人口に匹敵するだけの人口を排出しつづけ、戦前期はほぼ 1400 万人台の農村人口を維持し、大きな増減をみせていない事実、上層農は農業内部にとどまったほうが農家所得としては有利であり、逆に下層農民は流出したくても脱農できず、こうして農家戸数もまた戦前を通してほぼ

表24　農民労働力の供給価格（1922 ～ 36）

(単位:円)

	ha	経　営　規　模　別				自　小　作　別		
		0.5~1.0	1.0~1.5	1.5~2.0	2.0 以上	自　作	自小作	小　作
1922	Ⅰ	2.85	2.73	3.33	4.04	3.92	3.33	2.41
	Ⅱ	1.02	0.98	1.10	1.40	1.55	1.29	0.93
	Ⅲ	0.43	0.40	0.46	0.56	0.83	0.70	0.60
'24	Ⅰ	4.17	3.34	3.86	4.65	4.64	4.32	2.74
	Ⅱ	2.00	1.61	1.79	1.70	2.10	1.90	1.38
	Ⅲ	0.60	0.49	0.55	0.58	0.62	0.62	0.47
'26	Ⅰ	2.82	3.83	4.24	4.04	4.61	3.78	3.09
	Ⅱ	1.52	1.54	1.69	1.64	2.01	1.67	1.22
	Ⅲ	0.50	0.53	0.51	0.54	0.65	0.58	0.48
'28	Ⅰ	3.13	3.44	3.77	4.32	4.32	3.45	2.84
	Ⅱ	1.23	1.23	1.54	1.61	1.65	1.37	1.05
	Ⅲ	0.61	0.51	0.55	0.51	0.59	0.50	0.44
'36	Ⅰ	2.13	2.48	2.93	3.49	2.93	2.75	2.43
	Ⅱ	1.10	1.29	1.25	1.44	1.63	1.72	1.08
	Ⅲ	0.42	0.39	0.39	0.39	0.43	0.41	0.37

〔出所〕改善研究会『調査概要」27頁、32頁、39頁、44頁、51頁、56頁、63頁、68頁、112頁、117頁、稲葉『復刻版』44頁、48頁、94～95頁より山内算出（拙著『序説』141頁より引用）。

(1) Ⅰは挙家離農の場合、家計費を300（日）で除して算出。Ⅱは基幹労働力の賃労働兼業の場合、農業可処分所得総額を農業労働日数で除して算出。Ⅲは次三男女の単身流出の場合、家族家計費を家族人員で除して換算算出。

(2) 農業労働日数は自小作別は「能力換算日数」を用いた。経営規模別のものは能力換算していない。家族人員は自小作別は1922年は成人換算員数、26年・28年・36年は在宅日数換算家族員数を用いた。1936年の自小作別のものは第一種農家。

一定であったという事実——これらは、すぐれていまみてきたような構造的要因、限界条件が作動しないというなかでの労働力市場構造に由来するものだったのである。

大槻正男が、戦前の都市と農村との労働所得率の差が「農家を相続せる者又は相続するものまでを農村より移動せしめる程大でなかった」が、「農家の次三男等農家を相続せざる者を、農村より移動せしめるに充分なだけ大であった」(大槻正男：1935：293 頁) と指摘されたのが、こうした関係についての、明示的ではないが先駆的研究である。

第三に、基幹労働力（世帯主・あとつぎ）の賃労働兼業化の場合の供給価格はどうか。1922 年とか 28 年といった「不況」過程では、1.5 ～ 2.0ha 層の小作農 0.9 ～ 1.0 円、自小作農 1.3 ～ 1.4 円、自作農 1.5 ～ 1.7 円、1924 年とか 26 年といった「相対的安定期」には、同じく 1.5 ～ 2.0ha 層の小作農 1.2 ～ 1.4 円、自小作農 1.7 ～ 1.8 円、自作農 2.0 ～ 2.1 円といったところである。自小作農を経営規模別にみると、22 年とか 28 年には 0.5 ～ 1.0ha 層 1.0 ～ 1.2 円、1.5 ～ 2.0ha 層 1.3 ～ 1.4 円、2ha 以上層 1.4 ～ 1.6 円、そして 24 年とか 26 年には、0.5 ～ 1.5ha 層 1.5 ～ 1.6 円、1.5 ～ 2.0ha 層 1.7 ～ 1.8 円、2.0ha 以上層で 1.7 円前後、ということになろう。実は、表 24 で、農業可処分所得総額を農業労働日数で算出した基幹労働力の賃労働兼業化の場合の供給価格は、表 18 や表 19 に示した一日（10 時間）当たり可処分所得水準と一致するのであって、これは当然の帰結であった（以上、詳しくは山内司：1974：140 ～ 144 頁参照)。

すでにⅡの（1）で示唆したように、ここには農外事業所得なども含まれており、そこで表 18 や表 19 で示した「賃労働兼業労賃」とは一体何であるかが問題となる。正確には兼業労働所得と言うべきで、いわゆる自営兼業からなる所得ということになる。もともと農家らしい農家を調査対象としたことから言っても、表 18 や表 19 の「賃労働兼業労賃」に占める農外所得が 2 ～ 3 割止まりであるとしても、これをもって賃労働兼業労賃水準とするのは無理だったのである。

だが問題は、こうした非恒常的賃労働兼業化は農業生産と時期的に競合関係にあったこと、そして 20 年代後半になるほどいよいよ劣悪化していったことである。いいかえれば、農産物価格から得られる可処分所得水準がたとえ農業日雇賃金水準を下回ったとしても、賃労働兼業化をある程度以上に、たとえば零細小作農においても農業生産を破壊するほど強化することは不可能だったのである。それは、農業労働と兼業労働との労働配分適正化と言うには、あまりにも兼業労働機会が狭小だったからである。そしてそれは挙家脱農を不可能とする労働力市場構造に基本的に規制されていたことに由来する。

したがって犬塚昭治は「日本の資本主義が不況の深化によって形成した過剰人口が農家の賃労働兼業を媒介にして農民の労働力の価格水準を規制している」（犬塚昭治：1967：278頁）とか、「兼業労働市場（過剰人口の形成）→兼業労働所得水準→農業労働所得水準という論理」（犬塚昭治：1967：280頁）の形成を言われるが、「賃労働兼業」労賃水準あるいは「兼業労働所得水準」が農民労働力の価格水準を規制したというのはそもそも無理と言うべきであろう。私は旧著ではこの犬塚説を認めてしまったために、「農産物価格水準は……より具体的には農業雇用労賃水準によって、その最下限を規制され」（山内司：1974：172頁）る、と言う過ちを犯してしまった。

もちろん犬塚が「兼業労働市場」を強調されるのは論理的に正しい方法である。だが、20年代には恒常的な通勤兼業機会は極めて限られていたのだから、農産物価格水準が低下しても、ともかく生存水準が維持できれば農業を継続するしかなかった。費用価格を割り込んでも生産が継続されるということは、費用価格規定が働かなかったことを意味する。それは、農業雇用労賃水準によって規制されるということを意味しない。もともと農業には規制する力はなかったのである。1.0ha未満小作農は〈商品経済の論理〉ではなく、〈共同体の原理〉にしたがったのである。(2)

繰り返し強調すべきことは、供給側の要因は生存水準を維持できるか否かという意味で、価格規定については消極的・受け身的な限界を画す程度だったことである。わけても金融資本段階には、その労働力市場構造は多層化しており、V水準の大きさはかなりの格差をともなっているが、それは農民の周囲に開かれた移動可能な範囲のV、と言うしかないであろう。だがともかく、そのVを生存水準にまで低下させて農業へ労働力を重投するしかないとすれば、限界条件規定は作動していないと言うしかないであろう。

では、米価水準はこの時期、何によって規定されていたのか、という当然起こりうる問題の考察に移ることにしよう。

Ⅲ　米価水準はどう決まるか

(1)　共同体の原理と商品経済の原理

これまでの行論からある程度推測されるように、米価形成について、戦前日本においては需要要因が大きな意味をもっていた。

ここで思い起こされることは、かつて1987年に『農村研究』誌上に発表された佐伯尚美論文に端を発する「価格論争」である。佐伯は「これまでの農産物価格論は名称こそ価格論ではあれ、その実質は農産物価値論にすぎなかったと言えよう。現実の需給関係・国際関係を捨象したうえで、あくまでも抽象的な理論モデルのなかで農産物価格がいかに供給側の条件によって規定されるかを理論的に追求してきたのである」(佐伯尚美：1987：9頁)、と言われる。

これに対して、常盤政治は「いわば『近経』的発想におけるモデルの差異として把握されているにすぎない」(常盤政治:1987:3頁)、犬塚昭治は「原論適用無意味論の主張には異議や申し立てを禁じえなかった」(犬塚昭治:1988:1頁）と批判し、梶井功も「現状分析論では原理論は役に立たないという教授独自の方法論的先入観」(梶井功:1988:7頁）だといった形で、つまり拒否反応的姿勢がとられる形で論争は終わってしまうのである。本章はこの佐伯の問題提起を受け継ごうとするものである。

ふりかえってみれば、かつて新沢嘉芽統が戦前の場合について「耕作農民のどの階層の生産物が価値規定的かなどという議論がなされているが、議論の根底となるべき需給関係について、十分な考慮を払わず、形式的に議論しているからではあるまいか」(新沢嘉芽統：1959：48頁）と言われたことがある。

市場生産価格は、たんにその商品の生産に要した労働量によってのみ規定されるのではなく、貨幣所有者のその使用価値にたいする需要によって規定されざるを得ない。宇野弘藏も言うように、「需要供給によって変動する価格の運動は、結局、かかる社会的なる生産条件の、いわば承認を市場価値として規定するための、商品経済に特有なる機構なのである。商品経済はかかる市場における価格の運動なくしては価値規定を現実化する方法をもついていない」(宇野弘藏：1959：74頁）からである。そのさい、供給側から言えば、異部門間の資本・労働力の自由な移動が存在する限り、社会的需要に応じうる社会的再生産に応じうるところの、生産条件のもとでの限界供給によって規定される、と言うことができる。しかし、それはこれまでみてきたように、需要と供給が均衡している場合には供給条件によって価格が決まるということである。しかし、現実には需要と供給の競争があり、それを無視して供給側の条件のみで価格が決まるとして、価格を論じてきたことが反省されるべきなのである。資本蓄積様式とそのもとでの労働力市場構造のあり方とかかわって考察されるべきであり、その具体的分析の結果は、供給側の要因は消極的にしか機能していなかったのである。

他方では、需要側から言えば、労働者は労働力販売の代価としての賃金によって、自己の再生産に必要なものを買い戻す関係にある。賃金そのものは抽象的に言えば、景気循環としての資本の再生産過程における労働力の需給変動のうちに決定される、と言える。それはともかく、その賃金のうち、どれだけが生活必需品である農産物（米）に対する欲望（有効需要）に振り向けられるのか、によってその農産物の価格が規定されると言ってよいのではないか。

そもそも、米価はどう決まったのか。

おおまかに言えば、第一次大戦前までは米産地の売出商のもとへ消費地の問屋が買い出しにいくケースが多い。大戦後は移入米も増え、買い手市場になると産地の移出商が消費地問屋に売りにいくケースが増える。二大米市場ができ、中央の消費地問屋では、一般消費者の口に入る実米取引相場である正米相場（玄米卸売相場）の価格を、米需要の動向、産地の米の出回り状況、定期米相場（先物取引相場）の変動、景気変動の様子等を考慮して、正米商各自が決める。鉄道の発達で、米市場格差は縮小した。もちろんこの中央の消費地問屋のほかにも各地で地方ブロックができた。ともあれ、こうした繰り返しのなかで、流通過程から米価は決まっていったのである。それを労働者、農民はどう受け止めたのかが問題である。

その具体的分析において、以下のような事情の存在はことのほか重要である。

第一に、よく知られているように、エンゲル係数50～70%が最低生活水準、70%以上が極貧生活水準を示すとすれば、戦前日本の圧倒的多くの労働者層が最低生活水準に置かれていた、という事実である。それが重要だと言うのは、戦前の家計費調査は調査希望者を対象とした、月収50円以上100円未満の借家または借間の世帯という調査であり、たとえば後掲表25にもみるように、1926年の家計費調査は平均実収入一ヶ月113.62円となっている。ところが、これは調査対象の平均であって、当時の労働者の平均を示しているのではないからである。すでに本章でみたように、当時の労働者層の賃金は男子で一日1円～1円50銭、女子70～80銭が支配的であった。夫が1円50銭で27日労働すると月40円50銭、これに妻の共働きがあったとしても、60円をでることはない。50円層を一般的な労働者層としておいたほうがよいであろう。

岩淵道生も内閣統計局の「家計費調査」について、次のようなチェックをされている。

「『職種別一日当たり賃金』に二五日を乗じて…一ヵ月間収入を推定すれば…『家計費　調査』（全都市平均）の生計費を大分下廻った結果となる」。家計費調査七五.四円、大工四九.四円、製造工業労務者四七円（昭和六～十年）。

「内閣統計局『労働統計実施調査』によって鉱山、工場（男子）労務者」の「月間収入…約三〇～四〇円」（昭和二～八年）。

「工場統計によって従業者一人当の月間給与額をみると…総計（全産業平均）は昭和五年で、三三円、十年で三二円」（岩淵道生：1958：108～109頁）と。

第二に、そうした最低生活水準におかれた状態のもとでは、賃金所得と農産物価格、わけても主食たる米価との関連は極めて重要な意味をもつ、と言ってよい。つまり、確かに所得の増加につれてエンゲル係数は一般的に低下するであろうし、食糧は所得弾性値が低いのも事実であろう。だがそれは普通の生活水準にある場合によりよく適合的な指摘であって、圧倒的に多くの労働者がエンゲル係数50%以上の最低生活水準に位置している場合には、主食たる米にどれだけの支払い能力をもっているかは重要な論点をなすのである。賃金が家族を養うのに必要な再生産費で決まるとすれば、その賃金の多くが米に充てられたからである。家計支出の4分の1が米代に、その他4分の2が家賃や衣類等に充てられた。

具体的にみよう。**表25**は1926年9月～27年8月の家計調査であり、調査世帯数は給料生活者約1500世帯、労働者3200世帯である。さきにのべた理由から、ここでは実収入53円31銭の月収60円未満層の労働者世帯をとりあげる。八木芳之助は、「今一歩を譲りて当時の米価が月収六〇円未満の労働者の生計費より考へ、公正なりしものとすれは、当時の米価は既に彼等〔月収六〇円未満層〕階級にとりては、米穀に対する負担の上限にありしもの」（八木芳之助：1930：86頁）と指摘され、東畑精一もこの『家計調査報告』から「労働者の家計は米価に対して如何に敏感性を有するかは……充分に推知せられ得る」（東畑精一：1933：150頁）と言われていた。

そこで、月収60円未満層が当時の労働者層を一般的に代表するとし、彼らが米価に支払い得る上限はどれだけかを算出してみる。この層の飲食費が実支出に占める割合は50.2%、実支出に占める米代はほぼ25%とみなしうる。

表25　収入階層別世帯当たり飲食費・米麦費（1926）

（単位：月単位，円）

	収入階層	世帯員	実収入	実支出 a	飲食費 b	米麦費 c	b/a	c/a
給料生活者	—60円	3.25人	53.31円	54.10円	23.43円	11.05	43.3%	20.4
	60 － 80	3.36	71.62	69.64	26.43	11.07	37.9	15.8
	80 － 100	3.68	90.55	86.12	31.58	12.21	36.7	14.2
	100 － 120	3.93	110.14	103.28	36.26	12.9	35.1	12.5
	120 － 140	4.27	130.25	120.25	40.22	13.94	33.4	11.6
労働者	—60円	3.78	52.86	52.55	26.38	12.66	50.2	24.1
	60 － 80	3.92	71.34	67.66	30.41	13.77	44.9	20.4
	80 － 100	4.08	90.03	82.23	34.53	14.44	42.0	17.6
	100 － 120	4.23	109.28	97.93	37.35	14.98	37.5	15.3
	120 － 140	4.50	128.74	112.11	41.43	15.92	37.0	14.2

〔出所〕内閣統計局『第四十九回日本帝国統計年鑑」（原資料、内閣統計局『家計調査報告』）232～233頁より山内算出作成。

月収53円として、米代に4分の1が支出し得る上限と仮定すれば、一ヶ月の米代は13円25銭、年間の米代は159円となる。世帯員数4人とすれば、一人当たり年間米消費量は1.13石（一人一日当たり3合強）であったから（大日本農会：1940：264頁の表参照[3]）、この層が石当たり米に支払える額は35円18銭となる。こうして算出された数値は、当時の庭先相場34円30銭、定期米相場、東京37円66銭、大阪36円89銭、名古屋36円29銭、東京正米相場37円58銭と、かなり近似した値を示すのである。ちなみに、米価の取引については、当時①取引の成立ごとに現品（玄米）の受け渡しをする正米取引（一般消費者の口に入る実米の取引）と、②取引の成立ごとに米穀取引所の定めた時期に受け渡しをする（先物取引）の定期米取引があり、このうち、定期米取引が米価を主導したのである。

1921年の社会局健康保険部『職工生計状態調査』から一ヶ月当たり実収入階級別勤労者世帯の「実支出総額」に占める飲食費の割合は、40～49円層46.3%、50～59円層45.4%、60～69円層45.2%であり、調査世帯総平均（一ヶ月当たり実収入95.76円）では42.6%であった。また同じ21年の協調会『俸給生活者及職工生計費調査』から職工世帯月収入階級別のエンゲル係数を求めると、50円未満層47.1%、50～100円層35.6%であった（内閣統計局：1926：124～125頁の表参照）。

そこで、月収50円層を当時の一般的な労働者層とみなしておけば、実支出に占める米代の割合は23.55%であるから、ここでも支出の4分の1が米代に支出できる上限とみてよいであろう。ともかく、ここで、この23.55%の数値を利用すれば、一ヶ月当たり米代は11.78円、年間141.3円となる。4人家族として一人年間米代35円33銭、一人当たり年間米消費量は1.153石であるから（大日本農会：1940：263頁の表参照）、この層が石当たり米に支払える額は30円64銭となる。これは当時の定期米相場、東京32円89銭、大阪32円53銭、名古屋31円81銭、また東京正米相場30円89銭、の近似値を示す。

ところで、1931年9月から32年8月の家計費に占めるエンゲル係数は、総平均（実収入86円47銭）で32.4%、これは26年の総平均（実収入113円62銭）の35.6%よりも高くなっている（日本統計研究所編：1958：304頁の表参照）。第二次大戦後の混乱期がそうであったように、この恐慌期には収入減少のなかで、飲食費そのものもかなりきりつめざるを得ないということが、こうした係数に結果したわけである。この時期の家計費調査はわれわれの目的には使えない。と言うのは、この時期には大量の失業者がでたし、大幅な賃金低下があったからである。調査では49円未満収入階層として世帯主賃金1円47銭となっているが、当時の状況から言って、せいぜい1円とみるべきであろう。そうすると、この時期月収は多く見積もっても30円に満たないのが一般的であったと考えられる。その4分の1が米代に充てられたとすると，一ヶ月米代は7円50銭、年間90円となる。4人家族として一人年間米代22円5銭、一人当たり年間米消費量1.123石だから（大日本農会：1940：264頁の表参照)、石当たりに支払える米価は20円どまりになるはずである。この31年の定期米相場、東京19円77銭、大阪19円65銭、名古屋19円52銭、東京正米相場18円銭であった。

大戦前の米への有効需要から算出した米価も当時の米価水準にほぼ一致していた。そこでは、① 1888年の都市下層社会の調査をとりあげ、家計費の2分の1が米代に充てられたと推計した。また② 1897～98年及び③ 1910～11年では家計費の3分の1を米代と推計した。この後者については、1909年2月調査の農商務省農務局『農業小作人工業労働者生計状態に関する調査』から「工業労働者生計調査」をみると、一ヶ月生計費29円31銭、エンゲル係数68.9%、生計費に占める米代30.7%、となるから（農商務省農務局：1909：102～105頁の表)、上記の推定で大過なかろう。と言うのも、この農務省調査は東京市付近の職工、人夫たちから「茶話会」形式で聴き取り調査したもので、調査は「家族五名の家計費として月々二〇円にては非常に困難にして此場合酒も煙草も飲めざるは勿論 単に生きて居ると云ふに過ぎず普通は右に記載せるものと見て大差なからん」（農商務省農務局：1909：105頁）と述べているけれども、当時の日給が男子で60銭というのが平均だから、27日働くとして16円20銭、妻が内職をして働いてもせいぜい3円といったところだから、やはり20円が妥当な生計費とみるべきであろう。とすれば、この20円層がほぼ最低生活者層として、米代は3分の1を割ることはなかったからである。

そこで算出した米価水準を再掲すれば、第2章でみたごとく、①の1888年の理論的米価4円10銭、現実の米価4円95銭、②の1897～98年の理論的米価11円72銭、現実の米価11円38銭、③の1910～11年の理論的米価16円61銭、現実の米価16円94銭であった。

こういうわけで、米価水準は圧倒的多数の都市下層労働者の米への有効需要が大きくかかわっていたと言えるのではないか。そのうえ《米生産費と生計費との著しい乖離》、つまり農家の米生産費を下まわるような低米価と、その低米価でないと生活が成り立たない労働者の家計費という構造が底流としてあった。1915年当時､石当たり生産費は18円であったのに米価は12円60銭と低米価であったが、他方で労働者は米価が12～13円でないと生活が成り立たないという事実があった。当時の農商務省書記官であった河合良成は「結論として月収五〇円階級では米を一六円に下げても､どうしても生活できない。一二～三円に引下げないと食っていけないということでした。つまり最低生活というのは、こんなふうになっており…この記録は大事にして置かねばならぬが、世間に発表すると社会主義を誘導するからよせという次官の命令で発表しなかったことを覚えております。この資料は今どこにも残っていないと思います」（河合良成　1961 38～39頁）と述懐している。また1921年の石当たり米価は30円79銭であったが、生産費は小作45円51銭、地主35円83銭であった。1930年代の政府の米買い上げ最低価格も米生産費をはるかにしたまわっていた。そうだとすれば、需要要因こそ注目されてよいのではないか。

(2)　米需要側の要因と米購入農家の存在

《米生産費と生計費との著しい格差》という構造にくわえて、もう一点、需要要因をとりあげるべき理由がある。それはすでに持田恵三や井上晴丸らによって指摘されてきたことであるが、なぜか価格水準を論じる時にとりあげられてこなかった。しかし、重要な指摘なので引用しておくことにする。

持田――「昭和初年で、米作農家の米購入戸数は二二七万戸に達し、農家戸数の四〇%、そして恐らく米作農家の半分近くになっている。購入米作農家の六七%は米作収入が全収入の半分以下の米作をしない農家であるが、三分の一は米作収入が全収入の半分以上を占める米作中心の農家なのである。

また米作農家の米購買戸数は米販売農家の七八％、その購入数量は総販売量の二二％になっている」（持田恵三：1970：57～58頁）。

井上――「米がいかに安い場合でも消費者の購買能力（実質賃金が低下するなかでの）からいっても高すぎるという矛盾が解消できないし、また米価が少々の程度引き上げられても生産者からいうと米価はつねに安すぎるという矛盾を解消できないという価格体系のなかでの米価のもつ矛盾と、農民内部に窮迫販売、飯米購入という形での（半ば賃労働者化した貧農の）消費者をかかえているという事態とが重なりあって生ずるところの、政府米価政策のいわば宿命的困難」（井上晴丸：1956：54頁）がある。

こうした小作貧農＝米購入農家から言えば、米価は「高かった」ことになる。そして既述のように、1ha以下の小作農は農産物から得られる生活費は、せいぜい生存水準しか実現できなかったのである。ちなみに、さきの1909年、農商務省の「農業小作者家計調査」（農商務省：1909：105～107頁の表）をみると、一ヶ月生計費19円6銭、エンゲル係数63%、生計費に占める米代29.8%、麦代12.9%となる。また、20年の日雇・季節雇の「支出中ノ食費」の割合は63.3%であった（農商務省：1921a：636頁の表）。さらに20年代について犬塚昭治が算出された数値によると、1.5～2.0ha層のエンゲル係数は自作40%、自小作44%、小作50%であり、階層別には0.5～1.0ha層44%、1.0～1.5ha層45%、1.5～2.0ha層46%、2.0ha以上層47%（犬塚昭治：1967：283頁、288頁の各表）である。ちなみに、1930～31年度の内地と朝鮮の生活費中に占める飲食費の割合を表26に示した。日本内地の農民よりも、朝鮮農民の窮状がうかがわれるであろう。

確かに、原理論的に言えば、〈商品経済の原理〉のみで運動がおこなわれていれば、再生産をなすためには農産物価格は限界条件によって規定され、需要側の要因は消極的規制をなすと考えてよい。しかし、商人資本段階でもいまだ限界条件は明確化しておらず、農産物余剰が商品化されるにすぎないのであって、ここでは需要要因によって、その水準は規定されていたと考えられる。

産業資本段階には、イギリスの事例で言えば、工業化が進むなかで、穀物需要が増加する一方で、農業生産過程は「ほとんどまったく機械化以前の段階」で、自給自足的な零細経営層の「大量の堆積傾向」（侘美光彦：1980：240頁）がみられ、彼らは食糧の確保にさえ精一杯だったのである。ここでは〈共同体の論理〉によって家族と再生産の維持を図っていかざるを得なかった。限界条件のもとで「作れば売れる」というような状況ではなかったことに留意しておきたい。大衆消費社会では「作れば売れる」のではなく、「売れるものを作る」必要がある。需要が供給（生産）を規制するのである。この点は後に、もう一度問題にする。

肝要なことは、金融資本段階のヨーロッパ市場においては世界農工分業の解体のなかで、国内条件のみによっては、言い換えれば限界条件によっては、穀価が規定されなくなったことである。追加的需要が生じたときに、それを国外から輸入することが可能であれば、限界条件規定は空洞化する。そして、この段階の労働力市場の多層性が、いよいよ「投資の可逆性」を狭めることによっても、それは加速されるからである。そういう意味で、この段階には「需要が生産を規制する体制」となる。わけても日本のように、世界資本主義が金融資本段階への推転を示しつつあるときに、資本の有機的構成の高い生産手段をとりいれた国では、農村過剰人口の堆積を余儀なくさせ、そこからはじき出された人々は都市下層社会を構成する。こうして、わが国では米価は需要側の要因が規定力をもつことになるし、供給側の要因といっても農民でありながら米を購入せざるを得ないことにもなった。ここでは、農業内部の・生産主体としての農民による価格規定力は著しく弱まるしかなかった。

大戦後は、世界農業問題の発生のうえに、しかも日本は植民地を含めた食糧自給体制をとったから、上記の側面がより著しく現れることになったと言ってよい。つまり、ここでは〈商品経済の論理〉、効率化原則では〈産業とし

表26　農民の生活費中に占める飲食費の割合（内地、朝鮮　1930～31）

(単位:%)

	自　作	自小作	小　作	平　均
内　地	39.6	41.7	46.9	42.4
朝　鮮	57.6	63.5	67.6	62.5

〔出所〕帝国農会調査部「朝鮮に於ける米穀事情（三）」『帝国農会報』第24巻11号、85頁。

ての農業〉は成立しえなくなったのである。

村上保男は「我国においてリカルドの差額地代法則があてはまるような時期は、明治四二年の関税問題がおきた時期であろう。……〔この時代までは〕限界地ということが価格問題の対象として規定される必要がなかった。限界地が問題になるのは価格政策が発足し（米穀法とその改正）、小農に対する所得問題としての価格が問題にされてからであった。かかる場合限界地の内容は小農民の生活＝労働力の自由な移動にかかってくるであろう」（村上保男：1957：134 ～ 135 頁）と言われた。だが 1920 年代になって価格政策上から限界地が問題にされるのはともかくとして、いわゆる価格規定としての限界地、あるいは限界条件は現実には作動しえないと言うべきであろう。リカード地代論は需要が無限大でなければ成立しえないのである。

以上の枠組みのなかで、米価水準は労働者の多数を占めた生活者層における米への有効需要が大きくかかわっていたのである。その米価は賃金の 4 分の 1 を占めており、この米価水準を前提として農民はいかにして自分と家族の生活を守るか、また小作料をそういうなかでいかに捻出するかに苦慮したのである。

ここでエンゲル係数が重要だと言うのは、たとえば第二次大戦後の 1975 年、全国都市勤労者世帯の平均でみると、大内が言うように、エンゲル係数は 30% であるが主食である米代は消費支出の 2.7% にすぎない（大内力：1978：308 ～ 309 頁参照）。

これに対して、1920 年代はエンゲル係数 50%、米代への支出は 25% であった。これは、戦前における米の位置を象徴する。つまり、第二次大戦後の現在は賃金水準が米価によってはそんなに左右されないけれども、戦前はそのウェイトは極めて大きかったのである。

Ⅳ　小作米と自作米――米価構造の原理

さて、以上に述べてきたように、米価水準は労働者の多数を占めた最低生活者層における米への有効需要が大きくかかわっていた。そこで明らかにすべきことは、では供給側、とくに下層農民はそれをどう受け止めたのか、と言うことである。問題の焦点は、経営規模と自小作別の農家戸数の組み合わせがわかる1938年農林省調査によると（大内力：1978：160頁参照）、1ha以下の小作農が81%、うち0.5ha未満経営の小作農家が54%にも達するということ、この小作農家の再生産はどう可能であったのかである。もちろん加用信文も言われるように「米価と生産費の問題に、従来とかく規模が捨象されて論じられていたことは、大きな盲点」（加用信文：1986：246頁）であったことは言うまでもないが、小作農の多くが1ha未満の米自給の飯米農家もしくは米購入農家であり、本来的な営利活動とは無縁な農家であった。ここでは米価の変動とはかかわりなく、様々な雑業に従事しつつ、一定面積の米作を維持し、飯米を確保せざるをえなかったのである。したがって、ここでは東畑精一が言われるように、提示された価格を「自ら動かし得るとの自覚や気魄を持ち得ない」のであった。ここでは、兼業のもつ位置が非常に大きかった。

ここで留意しておくべきことは、これまで0.5ha未満の貧農小作農＝農村雑業層がどういう形で家族の生活を成り立たせていたのか、そもそもその存在に注意を払わなかったのではないか、あるいはそうした自給的な生産による米は「価格形成の競争圏外」（白川清：1969：175頁）にあるとして無視してきたことではあるまいか。

つまり、0.5反未満層の零細小作貧農層＝農村雑業層は兼業収入によって

表27　岩手県における経営規模別・自小作別農家戸数

1938年調査(単位%)

ha	自　作	自　小　作	小　作	総　数
−0.5	26.6	12.3	50.6	25.8
0.5〜1.0	20.0	27.4	27.3	24.6
1.0〜2.0	31.4	43.0	18.7	33.5
2.0〜3.0	15.2	13.6	3.0	12.0
3.0〜5.0	6.3	3.4	0.4	3.8
5.0−	0.6	0.2	0.0	0.3
計	41,187	44,973	22,907	109,067

〔出所〕岩手県経済部『本県農家の統計的分析』1951年、32〜33頁より山内作成。計欄の数値は実数（戸）。なお、本書は謄写版刷りである。

生存がかろうじて可能であった。家族を養うために〈共同体の原理〉で兼業によって米を安く入手しようとしたのである。これに対して1ha以上層においては、限界条件規定は働かないが〈商品経済の論理〉が作動し再生産がおこなわれていた。ここで、〈商品経済の論理〉とは、贈与する側と贈与される側の双方の合意に基づいて商品交換がおこなわれることを意味する。米価は限界条件による価格規定が働かずに価格は共同体と商品経済の二層構造によって規制されていたことを物語る。そしてこの二層構造は需要側の条件によって総括されていたのである。

つまり、持田恵三が農林省『米穀要覧』1934年、を利用して述べた記述（持田恵三：1970：57～59頁参照）と、経営規模別・自小作別農家戸数がわかる1938年9月農林省調査（大内力：1978：160頁に表がある）を組み合わせて図1を作成してみた。おおよその輪郭だけしかわからないという限界はあるが傾向としてみるには十分であろう。表27にはこの1938年調査のうち、岩手県分のみを掲げてみた。全国調査と比べて、0.5ha未満の自作農が少ないことを別とすれば、あまり大きな違いはない。

米作農家（460万戸）のうち半数（49%）は米購入農家である。販売農家（290戸）は0.5ha以上の自作、小自作（180万戸）と1ha以上の小作（120万戸）からなるとみていいであろう。米購入農家（227万戸）の内訳は、①多くは自給

図1　米作農家と米購入農家

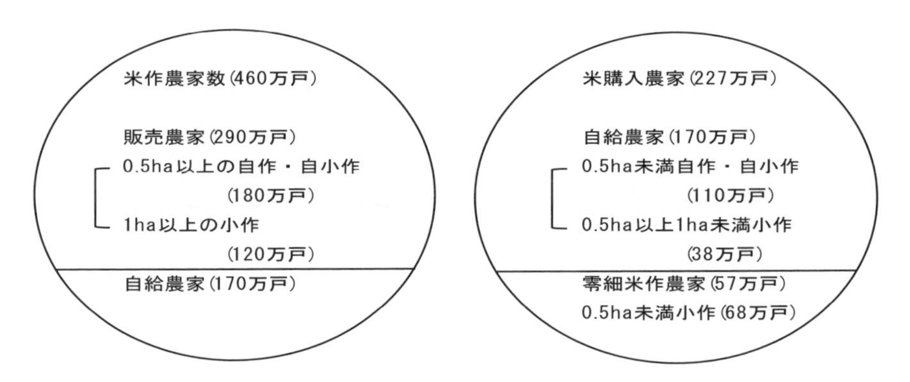

〔出所〕 農林省『我が国農家の統計的分析』1948年(再版)及び農林省『米穀要覧』1938年に関する持田の記述を参考に、山内作成。

農家（170万戸）である。これは0.5ha以上1ha未満を小作する農家（38万戸）と0.5ha未満の自作、自小作農家（110万戸）からなる。このほかに②出来秋に米を売ってしまい端境期には米を購入せざるを得ない零細米作農家（57万戸）がある。この零細米作農家とは0.5ha未満の小作農家（68万戸）のことだとみてよいであろう。

販売農家は〈商品経済の論理〉で米の再生産を図ろうとするが、自給農家や零細米作農家には〈商品経済の論理〉は働かず〈共同体の原理〉で生きる農家であった。零細米作農家=0.5ha未満の小作農家=農村雑業層は、仮に10a当たり2石の収穫があったとしても、半分は小作料として支払わねばならず、そのうえ米肥商の高利貸し的前貸しの代金を支払わねばならなかった。時には、自家消費用の飯米部分も売らねばならなかったのである。米を売って、安い外米や粟、稗を買ったのである。

いま地主米と農民米について詳細な検討をされた花田仁伍の示された表によると（花田仁伍：1971：321頁、337頁の各表）、① 1916～20年の水稲総生産量5,658万石のうち農民自給米は2,783万石（49%）、市場米2,905万石（51%）、② 1933～35年の水稲総生産量5,886万石のうち農民自給米は2,645万石（45%）、市場米3,242万石（55%）である。花田によると、このうち「市場米の半ばは地主米」という。ここから、どういうわけか花田は、地主――小作人は「貢納関係」にあり、価値法則は働かず、経済外的強制のもと「『ただの労働』で成り立つ米価水準」（花田仁伍：1971：433頁）を主張され地主米商品論理を展開されているのである。なるほど「交換を通さないで無償で引き渡される貢納物が、たとえ労働生産物であるとしても…非商品としてのその生産物は価値規定をうけとることにはならない」（花田仁伍：1971：413頁）と述べる。花田への疑問は、一方で資本主義的生産がおこなわれていると言いながら、他方では経済外的強制を主張され、価値法則の作用がなかったと言われる。花田は資本制生産か、経済外的強制のどちらかを否定されるべきだったのではないか。地主にしても公課や水利費、協議費、擬制的な地価利子等の負担がありながら、地主米が「ただ」というのも奇妙である。そもそも「一般に地主は〔米の……山内〕売上手」（柳田國男：1910：151頁）であったことは柳田國男が「小作料米納の慣行」で強調したところである。

自給米と市場米は密接に関連しているが、総生産量の半ばが農民自給米であり、小作料も、小作人が生きるために高率であろうと米を作り、地主に現物で納めたのである。つまり、米は生活資料ではあるが資本家的商品としては提供されず、ほとんどが非市場における経済活動であり、その価値（= 交換力）は弱かった。ということは、少なくとも 1ha 未満小作農は贈与や相互扶助といった〈共同体の原理〉によって生活しており、ここでは労働の社会的配分という展開が商品経済的に処理される法則（= 価値法則）を歪曲したのである。

もっと積極的に言えば、過小農の米生産は自家飯米用として、あるいは小作料用として生産され、残りが「ギブ&テイク」をこえて売買を含む交換にまわされたのである。つまり、〈共同体の原理〉――交換を意識せずに、一方的な贈与をすることで結ばれる関係で成り立っていた。実は、守田志郎がかつてこんなことを言われたことがある、「農業は生活である。産業でもなければ企業でもないし職業でもない。耕すということがもたらす収穫物で生活をするのが農業である」（守田志郎：1975：51 頁）と。農業は生きるための活動としての業、生業（なりわい）なのであった。つまり、自給生産が主であり、本来は共同体的な相互扶助を固有の動機とする集落の規律のもとで、住居の建築から農地の灌漑や道路の補修や田植え、収穫、その他冠婚葬祭にいたるまで様々な共同作業をおこなっていたのであった。

資本主義は共同体を排除したのではなく、もともとあらゆる社会の基底にあった歴史貫通的な共同体を、生産力や生産様式に適合するように変えていったにすぎない。あらゆる社会の理論は松尾秀雄の論理を推し進めれば、「贈与の延長に、つまり共同体の延長に商品経済が自生するのだという、あらたな理論が構築される必然性」（松尾秀雄：1999：302 頁(4)）は明らかであろう。

小作農にとっては手元に残る現物の米量が問題であり、様々な仕事に従事しギブ&テイクによってかろうじて生存することが可能であった。農村は彼らにとって生活と生産の場であったのである。1ha 未満の小作農にとっては〈共同体の原理〉が働いていたのである。ちなみに酒井淳一は、仙北平野の中央部にあたる大崎地方（遠田・志田郡）における「小作農家の水稲作概算収支推定」表を作成し、「大正末期の大崎地方では…小作農でも二町前後以上層であれば何とか農業のみで生計をまかなうことができたとみられる」（酒井淳一：1968：808頁）とするが、その表に示された「大正末期頃」の5反歩経営農家の収支差引残はマイナス1石、1町歩経営農家はプラス3石、「昭和三〜四年頃」の5反歩経営農家はマイナス2.8石、1町歩経営農家はマイナス0.6石、1町5反歩経営農家はプラス0.6石であった。この数字をどう読み込むかが一つの問題であるが、小作農の1ha未満層には〈共同体の原理〉が働いていたと考えられるのである。

これに対して1.5ha前後以上の自作農は、〈共同体の原理〉のうえに〈商品経済の論理〉、つまり交換条件の合意に基づいた贈与交換で再生産がおこなわれた。しかも、「限界条件」規定は作動していなかったのである。その点は、すでに繰り返し指摘したとおりである。

小　括

様々なバラエティはあるが、資本制生産を擬した「限界条件」における費用価格で農産物（米）の価格が決まるという、これまでの多くの論者によって主張されてきた農産物価格論（穀物価格論）が理論と現実のクレバスを拡張してきたのである。それは社会の構成原理は資本制生産を擬して〈商品経済の原理〉のみで、つまり市場原理で100%構成されている一元的社会と捉えることからくる無理なのであった。玉真之介も言われるように、「資本主義的生産様式は農業までも資本主義化できるものではなく、農業はそれぞれに個性的な非資本主義的部分として資本主義との間で市場関係を通して関係し合うものである」（玉真之介：1994：263頁）。

現実の世界は、商品経済的部分が共同体的世界から離れて存在するわけではなく、共同体的世界のなかに古代から現在まで商品経済的部分が存在する、といってよいのである。その商品経済とは市場を媒介として商品として生産物が売買されるということである。そして労働力までもが商品化したとき、資本主義が確立する。その生産物が市場での価格によって生産と消費が調節されるというフィードバック機能が作動していれば、市場経済ということになる。しかし、家族や国家といった共同体をぬきにして、つまり、〈商品経済の論理〉を補完あるいは支えるものをぬきにして商品経済活動を説くことには無理がある。家族は「衣食住」の生活共同体である。この家族をぬきにして労働力の再生産は不可能であろうし、そもそも家族共同体は利潤追求を求めているのではないのである。

したがって、家族労働を核とする農業が、100％市場原理で解けるとする考え方がそもそも誤っていたのである。小農民の農産物価格は限界条件における費用価格（C＋V）で決まる、というのも安易な資本範疇の擬制であった。大内力や犬塚昭治にみられるいわゆる大内理論がこれを代表している。既述のように、現実の社会は共同体を基底として、そのなかで贈与と商品経済の論理との組み合わせによって成り立っているのである。私は「二重構造」と言ったが、より正しくはその後、松尾秀雄が強調するように、〈共同体の原理〉のうえに〈商品経済の論理〉が成立しているのである。商品交換は贈与と贈与の繰り返しであり、それをとおして社会は家族の維持と再生産の維持という共同体の核を構成する。交換は贈与の存在を意味するが、利潤の存在とは関係ない。商品の起源は贈与の交換にある。贈与を軸に相互扶助の行動様式がとられ、その互酬性のゆえに「贈与と交換はもつれあっている」（伊藤幹治：1996：26頁）。つまり、原理は一つであり、それは共同体の原理である。

1918年に、東京米穀商品取引所主催の米価調節調査会の席上で、広瀬千秋が「所ガ其先決問題トシテソノ〔米の〕生産費ヲ知ルト云フコトガ出来ナイト殆ド如何ナルコトモ出来ナイヤウニ思ヒマス」（広瀬千秋：1918：74頁）と言うのも、守田が言うように「農業では、ものを『作り』はしないし、畑や田で作物を育てる仕事が生活のなかで行なわれる。どちらの面をとってみても、農業の世界では生産費という考え方が成り立つ条件はない」（守田志郎：1975：70頁）「価格という問題と利潤をあげたいという欲求を満たすという問題の二つにまたがっての必要から生まれてきたのが生産費の概念だということなのである」（守田志郎：1975：73頁）。小作貧農層にとっては家族の生活をいかに守るかであって、生産費云々のことは問題の外にあった。1ha以上の農民層は、生産物を売るのであるが、それも合意による交換はなかなか難しかった。それでも生きるために、相手との妥協点を見つけ〈商品経済の論理〉にのるしかなかった。もともと農民にとって、市場における利潤の極大化の原理で行動するという発想自体が存在しなかった。農民は家族を養うために市場で交換をおこなったのであり、小作農は家族を養うために地主をポトラッチ・パートナーとしたのである。

「第一に、生産費という概念が生まれる前から、物には値段がついていた、ということである。そして第二に、生産費という概念は工業が、何かの必要によって生み出してきたものだ、ということである」（守田志郎：1975：70頁）。

結論を言えば、〈共同体の原理〉と〈商品経済の論理〉によって米価は基本的に規定され、そのなかで米価は需要側における労働者の多数をしめる最低生活者層の有効需要（購買力）によって、他方では農民側の手元にある貨幣量が米価を規制するという構造（つまり貧困農民は入手した貨幣で生存最低のラインの必需品を購入して生存をつづけるという構造）のなかで総括されていたのである。そもそも初めから〈限界条件〉規定など無かったのである。

〈注〉

(1) 本書の第3章、第4章は旧著（山内司 1974 以下、拙著『序説』と略す）を大幅に見直したものである。この旧著は私の修士論文（東京教育大学大学院農学研究科）に加筆したものであるが、「農産物価格を規定するものとしての理論的な最劣等地と、現実の耕作されている限界経営・現実の最劣等地とは一致しなくなることが金融資本段階の特徴だといえる」（拙著、42頁）とし、さらに犬塚昭治の言われる「兼業労働市場（過剰人口の形成）→兼業労働所得水準→農業労働所得水準という論理」（犬塚昭治：1967：280頁）を認めたために、「農産物価格水準は…より具体的には農業雇用労賃水準によって、その最下限を規制され」（拙著『序説』172頁）るという誤りを犯した。今日からみれば、かなり歯切れの悪い旧著であるが、この旧著については大内力からは戦後の代表的な農産物価格論の一つとして評価をいただいた（大内：1978：252頁）。犬塚昭治からは私の旧著の一部を紹介していただいた（犬塚昭治：1982：380頁）。こうしたこともあり本書は旧著を全面否定はせずに、資料（図表）に関しても旧著のものをできる限り利用しつつ、あわせて間違いを正し、〈共同体の原理〉の存在を指摘した。したがって、〈理論と現実のクレバス〉を埋めるためにその論理構成と展開はかなり異なることになった。その意味で本書は大幅な見直しと自己批判——端的には原論レヴェルで〈共同体の原理〉を採用すること、したがってまた限界条件は原論レヴェルでも想定できないとした。なお、限界条件については後にも考察するが、久保田義喜:1966）がその「鮮明」化を試みているが、私としては納得しえないのは後述のとおりである。

⑵ 兼業労働と農業労働の関係は農工間の労働力移動が自由であれば景気変動の拡大と収縮に応じて価格の均衡が生じるであろう。場合によっては離農して工場労働者になるであろう。しかし、稲作経営のように農繁期と農閑期がある場合、農家収入の１～２割は兼業収入が占めることになる。それは賃労働兼業とは「農閑期に一般的に生ずる余剰労働の兼業化」(犬塚昭治：1967：272頁)だからである。言い換えれば「ある程度までは農業所得水準に関わりなく、『ひま』があれば兼業にでるということとみていい」（犬塚昭治：2019：387頁）。それは犬塚の見方と異なり〈商品経済の論理〉によって価格均衡が働くためではなく、〈共同体の原理〉が働くためなのである。

⑶ 以下に掲げる米価は中沢弁次郎（1965年再版）による。

⑷ 経済学の理論のなかに共同体の論理を持ち込んで社会の成り立ちを明らかにしようとするこの著作（松尾秀雄：1999）は問題の核心にふれていると思われる。松尾秀雄（2022）のすぐれた考察も参照のこと。私はこうした共同体論を持ち込むことが現実をよりよく解明することにつながると考える。

第４章　戦間期日本の小作料——大内説批判

本章の課題は、戦間期日本の小作料の高率性の原因とその低下傾向の検討をとおして、小作料は差額地代第二形態（DR Ⅱ）ではないことを明らかにすることである。すでに前章「戦間期日本の米価構造」において、農産物価格（米価）は〈共同体の原理〉と〈商品経済の論理〉との組み合わせによって規制されたうえで、需要側の要因によって総括されることを実証した。そのさい大内力の価格、小作料論に疑問を示し若干の検討を加えた。本章はその続編にあたるものである。

大内価格論の成立の前提条件は、一つは農業経営主体の「賃労働への転化」の可能性であるが、その可能性は乏しかった。本章はもう一つの成立条件であるK.マルクスの「農民的分割地所有」をめぐる解釈についての疑問を提示し、通説の価格論及び地代論に関する研究動向とそれに対する私の考えを述べる。それを踏まえて、大内力理論（犬塚昭治の理論を含む）を検討するものである。

Ⅰ　米価と小作料――これまでの研究動向と通説への疑問

(1)　既存研究への反省と新たな視点――共同体の論理

前章でも述べたように、本章も〈共同体の原理〉、つまり贈与にもとづく相互扶助による行動様式という視点に立って以下考察する。農産物価格は「限界条件」のもとでの費用価格で決まるというのが通説であり、さらに大内はそれを踏まえて小作料は差額地代第二形態としているのである。しかし、それでは〈理論と現実のクレバス〉は埋まらないし、大内力や犬塚昭治の論理展開にも疑問が生じるのであった。大内を代表者とする費用価格規定説は「限界条件」規定がどういう条件のもとに成立するのか熟考していない。それは〈商品経済の原理〉のみで成り立つ原論世界で考えうるものである。具体的に言えば、①「投資の可逆性」があり、追加投資がスムースにおこなわれること、また需要は永久に拡大し続けること、②土地が優等地であるかあるいは劣等地であるかが耕作者にわかり、市場での情報が完全であること、③平均利潤を想定することが可能であり、人は最大利潤のみを求めて行動することといった条件を満たしたときに初めて成立すると考えられる。つまり「限界条件」を想定することは不可能なのである。既存の研究は「限界条件」規定の成立条件を考えずに費用価格規定説を説いた。たとえば、阿部淳は1982年の「限界地・限界経営の現実米価1万7,893円は理論米価9万3,503円の市場価値の実に19.1%の実現水準にすぎなかった」(阿部淳：1994：158頁)と説くのである。もう一つは、従来の価格論は〈商品経済の原理〉のみで考察していることである。旧著(山内司：1974)での立場もそうであった。既存研究は「農民的分割地所有」概念を後に述べるように小農民に無条件で適用し、しかも〈商品経済の原理〉で100%構成されているかのように考えて、C(不変資本)+V(自分自身に支払う労賃)という費用価格を想定していた。こういう想定に立つと、たとえば岩谷幸春のように「1980年以降は……米価水準が農村日雇賃金の価格水準(C+V)を低迷する段階に入った」(岩谷幸春：1991：142頁)といった結論になるのは見やすい道理である。しかしこうした把握の方法は、〈商品経済の原理〉のみで成り立つ原論解釈では考えられ得るとしても、原論世界には本来贈与や相互扶助の行動をとる〈共同体の原理〉が存在しているはずなのである。正しくは〈共同体の原理〉のうえに〈商品経済の論理〉が成立しており、両者の関係性は十分に考え尽くしていないが、少なくとも〈商品経済の原理〉のみで考察するには限界がある。それはたとえば阿部淳によれば「農業のばあい、小農であろうと資本主義的農業同様に、価値どおりの価格形成が本来の姿である」(阿部淳：1994：351頁)、という誤った展開になる。阿部も岩谷も費用価格規定説が現実にあわなくてもそう主張するのである。すでに前章でも考察したように、市場経済のなかにも〈共同体の原理〉があるはずなのである。これまでの研究はそれを無視して来たために「理論と現実のクレバス」が拡大したのである。こういうわけで以下は〈共同体の原理〉を取り込んだ新たな視点から論を進めることにする。

(2) 伝統的農産物価格論への疑問

あらためて「農産物価格水準の規定機構」についてふれておく。この点では、佐伯尚美が言われることは重要である。佐伯は日本の農産物価格は「価値以下」の低価格であるとする伝統的農産物価格論の命題に、根本的反省をせまられた。すなわち、伝統的農産物価格論は「需給均衡の前提」にたって

「供給側の条件によってのみ価格が決まる」というが、それはあり得ないと言われる。さらに、小農のV（自己労働の賃金換算評価）も様々な条件のなかで規定されており、農家労働力の移動も各国の歴史的状況等によって異なり、場合によっては「農民は自己の生活を切下げる形で対応する」。原論が想定するような「市場の『完全性』のみを強調するのは一面的である」（佐伯尚美：1989：152～154頁）とも言われる。私もそのような理解に賛成する。

とりわけ伝統的価格論（価値論）は、高橋秀直が言われるような「一時的、攪乱的需給関係を捨象しているが、社会的必要（需要）の充足のための労働の社会的配分（供給）というまさに構造的需給関係に立脚している」（高橋秀直：2000：70頁）などと果たして言えるのか。たとえばマルクスの市場価値論は需要に等しいだけの供給がおこなわれるといった静態的な想定で展開しているが、競争論的観点から種々の再生産条件を持つ個別資本の運動をもっと重視すべきではないのか。

敷衍して言えば、なぜ農産物価格を論じる人々は、「限界条件あるいは最劣等地の下で…」の価格規定を前提として考えるのか。大内力は農産物価格が「最終投資の生産物の費用価格」で規制されるためには、「農民が賃労働者に転化しうるという前提条件」（大内力：1978：257頁）が必要だと言われる。この前提条件が働かないとすればどうなるのか。そもそも原論が想定するような、大内力の言われる「投資の可逆性」は存在するのだろうか。それが存在しないことはすでにみた。

原論にいう限界条件とは（限界地であれ限界投資であれ）、外国貿易を捨象したうえで、社会的需要をみたすために必要な投資（耕地）のうち、単位面積当たり資本投下によって生産性の最も劣る投資条件（耕地）のことである。原論的に言えば、農工間における資本及び労働力の移動が想定される。資本の等質性を前提として、利潤率の極大化の追求が資本の移動あるいは追加投資という形で利潤率の均等化を要求する。その場合、農業部門においては、各資本が自由に同等の自然条件を利用し得ないのだから、市場生産価格が限界投資の個別的生産価格によって規定されるがゆえに超過利潤の地代への転化という形で処理される。原論的には超過利潤を地代に転化することによって資本は土地所有の制約を処理するのであるが、現実には、世界市場を介して国内農業を資本に従属させる形で処理するのである。産業革命による変革に不向きな農業は、金融資本的蓄積様式の出現のなかで、帝国主義国における農業保護政策及び農産物自給化を伴う資本輸出により世界農工分業体制の崩壊がもたらされ、第一次大戦後には国内農業問題は世界農業問題になる。私が、もしも限界条件あるいは最劣等地における費用価格で農産物価格が規定されているとするなら、そもそも農業問題は存在しないのではないか、というのもこうした含意からである。すでに述べたように、限界条件で価格が規定されるためには、①投資の可逆性、労働力移動の流動性が必要である。さらに、小作農の小作料がDR Ⅱであるためには、②小作農の費用価格が「限界条件における費用価格」よりも低いこと、③小作農は優等地を耕作しており、しかも劣等地との同一資本量による単収差が大きいことが必要である。しかし、これまでそうした論証は大内力や犬塚昭治によってもおこなわれていない。

金融資本段階には、一方では外国農業の競争をふくめて生産＝供給過剰が、この段階の先進国の資本輸出に規定されて構造的なものになっている。他方では、この段階の資本構造とそのもとでの労働力市場構造に規定されて労働力移動がかなり硬直的にならざるを得ない。こういう構造はこの金融資本段階に特有なもので、ここでは限界条件規定はそもそも働かないのである。それにもかかわらず、原論的な方法を小農民に適用すると、クレバスは拡大するしかない。「限界条件」規定は無いものねだりなのである。

たとえば小作料がDR Ⅱであるとすれば、価格決定には影響がないはずである。「だが問題はそうかんたんではない」と大内力は言い、「けだし日本のように農業が集約的におこなわれ、第二形態の差額地代が大きくなっていれば、とうぜん限界地にも地代は生ずる。……全経営に共通な量、いいかえれば最小の地代部分をqとしよう。そうすればより条件のいい土地のうえの経営者はq+△qの地代部分をもつ。耕作農民のほかに地主が存在し、農業が小作地においておこなわれているばあいには、この地代部分はすべて現実の地代に転化する」（大内力：1950：249頁）と言われる。限界地がどこにあるかを明らかにせずにそう言われるのである。

限界地を耕作する小作農はqを、よりよい条件を耕作する小作農はq+△q

の地代を支払い、自作農の場合はそれを所得として実現することになる。小作農の手元にはC+Vが入ることになると言われる。――しかし、そうだとすれば、小作料減免などの運動はおこりえないのではないか。ところが大内は続けて「だが、日本のような条件のもとでは、じつはこのqの部分は価格として実現されなくとも農民は耕作をつづけるから、全耕地が農民の所有に帰している条件のもとでは、競争の結果はqの部分だけ価格がひきさげられ、農民にはやはり最低生活しか与えられなくなるであろう」(大内力:1950:249頁)と言われる。この「だが、日本のような」以下の部分は〈商品経済の原理〉つまり、市場での売買をとおして利潤を追求する活動ではなく、〈共同体の原理〉つまり、相互交換をせずに一方的な贈与、友愛にもとづく活動によるものであろう。ここでは「限界条件」規定は働いていないはずなのである。犬塚昭治も、この点では「qが実現されなければ…最劣等追加投資を行いえないことになる」(犬塚昭治:2019:244頁)と、大内力の誤りを指摘されている。

(3) マルクスの「分割地所有」論解釈への疑問

こういうわけで、伝統的農産物価格論に立脚することは、佐伯尚美の言われるようにできないのである。確かに、原論的にいえば、再生産をなすためには農産物価格は限界条件によって規定され、需要側の要因は消極的規制をなす。しかしそれは一つには、需給均衡状態が実現されているという「価格モデル」を前提としているからである。もう一つは、ひるがえって言えば、小農民のもとでの価格形成についての、マルクスの「分割地所有」をめぐる解釈が様々な誤解を与えていることである。

たとえば犬塚昭治はこう言われる、「現状分析の意義を明らかにするためにも、マルクスの『分割地所有』論の抽象性を強調しておくことは重要である。……もちろん『分割地所有』論は原論のような抽象性をもつ理論ではないが、ある特定の歴史段階を分析したものでもないのであって、『資本論』の本筋をなす抽象理論を現実に適用するばあいの手続き=基準を示しているとわれわれも〔大内氏らと共に……山内、以下同様〕考える」(犬塚昭治:1982:371頁)と。

問題は、そういうふうに考える根拠は何かということである。大内力は以前いわゆる「純粋小農制」を想定する方法的な根拠は原理論と「同じものじゃない」がどう関係するかは「十分考え尽くしていない」（大内力：1953：32頁）とされながらも、「抽象的に、日本の小農民だけでなくて、一般にどこの国でも小農民が資本主義の中に入って、つまり小農民である限りトコトンまで商品経済に立たされているという条件を考えるわけですね。そういう形でいわゆる小農民にはその場合どういう形で経済法則というものが現れるかということを仮定しておくと、それを今度手がかりとして日本の問題を考えることができるのじゃないか」（大内力：1953：33頁）と言われたことがある。

犬塚も同様な考えのようであるがこれだけでは根拠ははっきりしない。こうして農民的分割地所有は大内らのごとく「純粋小農制」として把握されることになる。大内は、「私は、日本の農産物価格や小作料を支配している法則性は、基本的にマルクスのここ〔『資本論』第3巻第47章第5節「分益農制と農民的分割地所有」…山内〕での叙述にしたがって把握しうるし、またそうすることがもっとも正しいと考えている」（大内力：1958：246頁）と論拠なしにそう言われることで、いくつかの誤解を招いてしまうのである。

第一に言えるのは次の論点である。資本制的生産様式が相対的にまだ低く、農村生産物の圧倒的部分がその生産者たる農民たち自身の直接的生活維持手段として消耗される次元。この時期には、マニュファクチュア形態による生産方法が出現したとしても、資本分散が優勢であり、資本はまだ労働力を実質的に包摂しえていないのである。農民的分割地所有とは、経済外的強制から解放された、そして共同体的規制もかなり弛緩した土地所有であるが、その生産物の大部分が農民自身によって消費され、これをこえる部分だけが商人の手を通じて都市へ販売される。

この所有形態のもとでの生産物は、「他のあらゆる商品と随時交換されることを要求されるのであり、他の商品と全面的に関係する」という大内のいわゆる「全面交換の要求」は作用しないのである。それは「自己の商品を、それが含む労働量におうじて売らなければならないという必然性は……一般に存在しない」ということであるし、「価値法則を労働の社会的配分＝生産の社会的編成を規制する法則と理解するとしても、それも……十全には機能しない」（大内力：1981：105～106頁）という、大内が「単純商品生産」について指摘された事情が妥当する、ということである。これは大内自身による大内理論の自己否定につながる指摘である。

第二の論点としては以下のとおりである。分割地農民は分割地経営の第二の補足をなす共有地（牧草地・未墾地）と並んで、その正常な補足をなす織物・紡績などの農村家内工業からの副業収入を合わせて生計を営んでいた。非農業部門での雇用機会もかなり狭小であり、挙家脱農も農村家内工業の拡大もそう容易ではなかった。イギリスでは18世紀後半の第二次エンクロジャー・ムーブメントによる入会地としての性格を有する農村全体の共有地囲い込みを通して、後には産業革命の進行による農村家内工業の駆逐を通して、分割地農民は早晩、分解される運命にあった。この所有形態のもとでは、「土地生産物の平均的市場価格がどうして規制されるかをとわず」（K．マルクス：1967：1031頁）とマルクスがいみじくも述べたように、価格形成の固有のメカニズムはなく、余剰農産物が商品化され、需要におうじて価格が決まったのである。

そのことは第三の論点となるが、この所有形態のもとに最劣等地概念あるいは限界生産物概念をもちこむことはできない、ということを含意する。限界条件において価格が規定されるのは、①土地種類の自然な豊度の相違というような堅固な、相対的に固定的な基礎をもっている農業部門では、社会的需要を充たすためにはそれが耕作されなければならないということ、②資本の論理としては、限界条件においても平均利潤——もちろん個別資本からいえば利潤の極大化を意図するから、その運動の結果としての平均利潤——が得られぬ限りでは耕作しないからである。

小農民の場合も、運動機構としては所得極大化の結果としての費用価格水準を想定すればよいかもしれない。しかし、この段階には困難である。なぜなら限界条件が明確化するのは、資本が流通過程や生産過程を把握することの不断の結果だからである。この段階にはいわゆる「投資の可逆性」は作動しないのであって（大内力：1978：257頁参照)、「最低生活費」（大内力：1961：150頁）以下の所得とすれば、極貧的な挙家脱農、都市下層社会への転落しかないのであった。したがって、通説が言うように、たとえば丹野清秋は「分割地農的土地所有のもとにおいては、農産物価格の形成が費用価格を基準にしてもたらされるということは、厳密には最劣等生産条件のもとでの費用価格を基準として形成されることになる」(丹野清秋：1983：116頁）というのは論証なしのドグマであると考えざるを得ない。

おなじことだが、田代隆は言う、「『資本論』からの引用文の最初に『土地生産物の平均市場価格がここでいかように規制されているにせよ』と述べているが、ここで論述されている全体から想像すれば、このような事情のもとではさしあたって最劣等地の個別的費用価格が市場調節的価格となると考えられていると一応とらえることができよう（実際にも多くの研究者によってそのようにとらえられている)」(田代隆：1963：116頁）と。驚くべきドグマがこうして生まれたのである。

最後に、農民的分割地所有のもとでの土地価格、借地料の異常な騰貴について考察したい。ここでは限界条件における費用価格は作動しないから、個々の分割地農民のもとでの最低生活費までは下落しても再生産されうる。また費用価格をこえる超過分、それは利潤を前提とした地代ではないがゆえに名目地代が発生する場合もありうる。そもそもこの段階は、余剰農産物が売りに出される程度なのである。〈商品経済の原理〉つまり市場を通した売買による利潤追求活動によってではなく、〈共同体の原理〉つまり交換条件の合意に基づかずに一方的な贈与、友愛による活動によって、土地の借地をめぐる競争を通して借地料の異常な騰貴を、場合によっては生活費を切り下げても異常な騰貴をもたらすであろう。

さて、こうした諸条件を度外視して、実は費用価格規定が多くの学者によって主張されてきたのである。それはたとえば、限界生産物概念を農民的分割地所有に適用される大内自身が次のように言われていることからも、その無理は明らかであろう。大内は「価値法則自体が、労働力の商品化という事実を基礎にしてはじめて確立されることは注目すべき点であろう」(大内力：1954：86頁)、あるいは「がいしていえば、資本主義の初期の段階では、まだ統一市場ができていないし、旧来の遺制や慣習などの作用も強いから、資本家的商品といえども、その価格形成にはさまざまの歪みがさけられないであろう。それが経済学の想定するような、価値法則によって規制される価格に近づいてゆくのは、資本主義のかなりの発展を前提としなければならない」（大内力：1978：17頁）と言われるのである。

ところが、大内の展開は奇妙である。地代論では、資本は最大利潤を追求するから、追加投資も単独ですくなくとも平均利潤は確保しなければならないし、またそうでなければ追加投資はおこなわれないというDR Ⅱの考え方に立ちながら、価格論ではそれが徹底せずに、現状分析ではV= 最低生活費という押さえ方が、追加投資が既存の投資と一体化され、既存の投資による超過利潤を追加投資が相殺することもありうるというDR Ⅱを否定する考えにつながっているのである。

さらに問題なのは、小農的経営の場合にも、追加投資が単独で利潤をあげるDR Ⅱを想定されていることである。稲作の場合、第n次の追加投資が単独で利潤をあげるというような想定ははたして可能であろうか。「分割地所有」をめぐる通説的理解は問題が多いが、花田仁伍などを例外としてそれを指摘していないのは不思議である。ただし、花田の論理展開（花田仁伍：1971：第二章、及び花田仁伍：1978：第二章参照）には疑問が多く、これについては別の機会に論じることにする。

（4） 共同体と商品経済の原理

商人資本段階では分割地農民にみられるように、限界条件は明確化しておらず、農産物余剰が商品化されたにすぎないのであって、需要要因によって、その水準は規定されていた。〈共同体の原理〉で農業は営まれていたのである。基本は自給自足の原則と市場に出荷しないレヴェルの贈与交換による他の使用価値物の取得が想起されるであろう。仮に市場に出荷したとしても、価格は再生産条件を無視した恣意的なものになりうる要因を孕んでいる。

産業資本段階にはイギリスに典型的にみられるように、工業化が進む中で、穀物需要が増加する一方で、資本による農業生産過程の把握も進行する。この段階には「投資の可逆性」、労働力移動の自由の存在があれば供給要因によって穀物価格が規定されるかもしれなかった。事実はそうした「投資の可逆性」はなく、しかも大量の自給自足的な零細経営の堆積があった。農業から農村家内工業が分離されると、衣類等の必要な使用価値を人が集まり贈与しあう物々交換の場として市場が形成されることになる。このようにして、生活を維持していくために〈商品経済の論理〉に首を突っ込まざるを得なくなったのであるが、経済の基層的部分は相互に生きていくための〈共同体の原理〉である。ともにギブとテイクの関係である。

金融資本段階のヨーロッパ市場においては世界農工業分業の解体のなかで、シカゴ市場に象徴されるような世界穀物市場が形成され、限界条件は空洞化する。そしてこの段階の労働力市場の多層性が、いよいよ「投資の可逆性」を狭めることによっても、それは加速された。この段階には「農業恐慌」に象徴されるように、作りすぎると価格が低下する。つまり、需要が生産を規制する体制となる。ここでも〈共同体の原理〉が働くのである。

ひるがえって言えば、近代社会は既成秩序の維持を目的とする共同体と、それに条件づけられた商品経済を軸に発展している。そして共同体（その核は家族と国家であるが）のなかから交換過程を市場に委譲する形で商品経済を展開してきた。家族共同体は一方的な贈与あるいは友愛によって成り立つが、自分の家族が必要とするモノ以上を生産・所有した場合は、他の家族に贈与する。場合によっては交換が発生する。

ところが、隣人としての物々交換は商品経済の第一歩にすぎず、他の家族が持っているモノが欲しい場合、「いくらなら譲ってくれるか」と交渉する。たとえば米農家があって、1.5haの土地を借地している小作農がいたとする。10aの土地から5俵の米がとれるとすると、75俵の収穫がある。このうち小作料が収穫の半分だとすると、手元には38俵残る。ここから諸費用を差し引くと19俵残る。これを家族5人で食べても米があまる。これは交換に出される。相手との折り合いがつけば「○○円でなら譲る」「○○円なら貰う」と交渉が成立する。ここでは〈商品経済の論理〉が通用する。そもそも世界の果ての人間同士がポトラッチ・パートナーとして関係することは不可能であり、貨幣を媒介とする世界市場としての穀物市場に依拠せざるをえなくなると考えることができる。

しかし、折り合いがつかない場合がある。自給自足であって、飯米確保分だけしか生産していない場合、たとえば零細な貧農小作人がいて、米を50a作っている場合などである。ここでは10a当たり5俵がとれるとすると、全部で25俵の収穫がある。しかし小作料を払うと13俵、そこから諸費用を差し引くと6俵、5人家族で食べるとほぼ飯米分のみとなる。この場合、米は売らないし、土地所有の制限もあり、生産を増やすこともない。必要なモノは兼業収入で購入する。かりに自家飯米分をこえる米があるとしても、近隣共同体の人々との友愛的なポトラッチ的贈与として処理される。ここでは〈共同体の原理〉が働く。0.5ha経営以下の農村雑業層＝零細小作農の場合には、小作地だけでは食糧が不足する。兼業労働に従事しつつ〈もらう＆あげる〉の剰余交換、つまり労働の提供、農産物の剰余交換をおこなうなど相互扶助によって家族に食事として提供するもしくは与えなければならないという〈共同体の原理〉が働く。しかも0.5ha経営以下の小作農が、小作農家の半数を占めているのである（山本茂美：1982：62頁に示された事例も参照）。

自営業の場合はどうか。たとえば村の鍛冶屋の場合、カマやクワを製造するが、それは一方的な友愛あるいは贈与によるものであって、農家からは米や野菜を受け取る。物々交換的な日常的ポトラッチ関係が成立するであろう。それは利潤を得たいためではなく、自分の剰余は贈与にまわされる。これで生活するためにそうするのである。それは交換ではあるが、利潤を求めているのではなく〈共同体の原理〉でおこなっているのである。もうけを期待するのではなく自家の剰余は贈与にまわされる。これで生活ができればよいとする人々は〈共同体の原理〉にしたがうのである。

人がモノを生産し交換したりする場合、規模拡大あるいは技術革新などをとおして利益の極大化をめざす場合もあれば、生活の安定・維持ができればもうけなど無くてもよいとする場合もありうる。こうして、〈共同体の原理〉と〈商品経済の論理〉によって価格は規制され、需要側の論理によって総括されるのであった。利潤動機の経済と生存動機の経済の二重化が原初的にはすでに存在していたというべきであろう。ただし、利潤動機のほうは生存動機を基礎にして、そこから派生したと原理的には総括しうる。〈共同体の原理〉のうえに〈商品経済の論理〉が展開する。

わけても日本のように、世界資本主義が金融資本段階への移行期に資本主義化したところでは、初発から「投資の可逆性」や労働力移動の自由は経済的に制限されていたのである。現実には需要と供給の競争があるとすれば、むしろ需要側の条件が米価を大きく規定していることは明らかである。第3章で考察したように、米価水準は〈共同体の原理〉と〈商品経済の論理〉との組み合わせによって基本的に規定され、需要要因によって規制されていたのである。小作料は一つの解釈として示せば、地主と小作人との一種のポトラッチの関係として分析することも可能であろう。小作料は零細小作農民が〈共同体の原理〉によって生きるために作った米のなかから支払われた。それが収穫の半ばに及ぶ小作料であったと考えられるのである。

II　現物形態と高率小作料

(1)　米価と現物小作料

農産物価格水準の規定機構が明らかになれば、それを前提として小作料の性格と水準を考察することが可能となる。農地・土地の農業使用権を与える側が地主で、小作人はその対価を支払うという約束のもとで反対給付をする。これが小作料ということになる。そこで小作料が現物形態をとったのはなぜか、ということからはじめよう。その実態について『大正元年小作慣行ニ関スル調査資料』は、「田ノ小作料ハ全国ヲ通シ殆ンド総テ米納トス」「畑ニ於ケル小作料ノ種類ハ…全国ヲ通シテ云ヘバ米納最モ多ク大豆、大豆及麦、金銭等ヲ以テ小作料トスルモノ之ニ次ク」(農林省:1933a:10頁)と述べており、それは『大正十年小作慣行調査』(農林省:1933b:51～54頁)や1936年の『小作事情調査』においてもほとんど変わらない。柳田國男は1907年1月、愛知県農会においての演説である『小作料米納の慣行』において、これまで「農政上可なり重要なる」小作料米納の問題を「二三十年の間更に一人の之を研究するものなくして過ぎたこと」は「確かに奇異なる現象」(柳田國男:1910:145頁)であると述べたのである。大内力は、「農業の商品生産化がすすんでいるにもかかわらず、小作料が現物形態をとっているのはなぜであろうか。その基本的な原因は日本の小作料がはなはだしく高率であることにある。……かかる重い負担は貨幣形態においては小作人にとってはとうてい耐えがたいものとなる。なぜならば貨幣形態の小作料となれば、小作人は米価の変動の危険をも負担しなければならないことになるが、そうなれば低米価のときには高率小作料は支払う余地がないからである」(大内力：1952：130～131頁）と言われる。だがこの大内の説明は私には理解困難である。そもそも大内によれば小作料は差額地代第二形態だと言われていたはずである。そうだとすればそれが高率であろうとなかろうと、「重い負担は貨幣形態においては……とうてい耐えがたいものになる」とどうして言えるのであろうか。DR Ⅱは費用価格と平均利潤の合計分を超える超過分だからである。むしろ地主から言えば、米価がある一定の大きさであるとき、小作人の手元にどれだけの現物量の米が残れば最低生活が可能かどうかを考えて、小作米の量を決めたとするのが明治期の実態に近いのではなかろうか。敷衍していえば、確かに原蓄過程で地主と小作人の力関係は大きく変わった。しかも米価は出来秋に安く、端境期に高くなる傾向にあるから、小作料の納期に金納であれば地主の取分は少なくなるから、地主は物納を要求する。他方小作農は貧困のなかで土地にしがみつかざるを得ないことから地主の要求に屈服するしかない、ということになる。

⑵　高率小作料の要因──差額地代第二形態DR Ⅱ類推説は成り立つか

戦前日本においては過小農が支配的に存在しており、しかも小作料は総収穫のほぼ半ばを占めていた。小作料を高率にする、あるいはそれを維持する要因はなにかを検討しよう。それにはいくつかの要因が考えられる[(1)]。ただし、この点については拙著『小農価格構造論序説』ですでに述べた（山内司：1974：200頁以下)。したがって、以下では小作料が差額地代第二形態DR Ⅱに類推できるかどうかに焦点をあてて考えてみよう。

結論的には、日本資本主義の世界史的位置に規定されて、労働力市場の狭小性が農民を半脱農化状態にとどまらせ、農民の土地不足を、したがってまた高率小作料をうみだしたと考えられ、DR Ⅱ類推説は成り立たないことを以下論証しよう。

那須皓も「本邦在来の小作料は…多くは小作人間の競争の結果として甚しき高額にまで競り上げられて居る」(那須皓：1928：230頁）と言われ、中沢弁次郎も「小作地少くして小作者の多い所に於いては、小作地の供給難から収穫高の八割までを小作料とするやうな、不当な小作料が成立して居るし、それかと言って小作地多く小作人少ない地方（斯くの如き所は極めて尠いが）に於いては収穫高の約二割と言ふやうな低額な小作料が成立して居る」（中沢弁次郎：1924：313頁）と言われる。

また、1921年6月の農商務省『農業労働者事情概要』は次のような報告をしている。「自分等ハ力余リテモ之ヲ用フヘキ土地ナキハ残念ナリ」（山形県金井村）「小作人ニナリ度キコト又尚多クノ土地ヲ借入シ度キコト（新潟、富山、石川）」、「将来ハ小作人ニナリタキモ土地ヲ得難シ（青年定雇）」（愛知、和歌山）、「小作ヲ為シタキモ土地ノナキコト」（宮崎、熊本、福岡）（農商務省：1921b：604～657頁）という事実である。

これまでにも述べ、のちにもみるように、こうして土地にしがみつかざるを得ない農民が、借地をめぐる競争のなかで小作料を高率にしていったのである。だが、この高率性は日本に特有なものではない。たとえば、1920年代の朝鮮では小作料は収穫の5割であったし、「北支那」においてもやはり小作料率はほぼ5割であった。また、第二次大戦前の南部ベトナム（旧コーチシナ地域）や中部ベトナム（旧アンナン地域）でも小作料は5割か時にはそれ以上であった。

こうした小作料をDR Ⅱ形態とすることは疑問だが、逆にまた福冨正美のように「明治以降のわが国の典型的な地主制のもとでの小作料は、もはや本来の封建地代の生産物形態ではなく、日本型の分益農制にもとづく過渡的地代なのであるが、それは《伝統的な慣習や家父長制的諸関係》にもとづいた経済外強制によって収取される」（福冨正美：1970：267頁）とするのはなおさら疑問である。「政治的社会的な飾りものや混りもの」「家父長制的あるいは宗教的なあらゆる混淆物」の機能をかりて小作料が収取されるとしても、その基礎は契約締結による強制力という「経済的強制」（大内力：1952：125頁、なお126頁も参照）にある。

宮城県谷地村の地主、斉藤善右衛門（9代目）は1892年の『地所管理心得書』のなかで、「収穫ノ六分五厘ヨリ四分五厘迄ノ間ヲ以テ小作割合ヲ求ムベシ」と述べ、小作人の生存水準限度まで小作料を取り立てた。こうした高率小作料の収取は、いつでも小作地引き上げが可能であるということを武器としたのである。ただし、その高率性はあくまでも生存水準を限度とする。

ところで、裏作や養蚕収入などが小作料支払いのための補完をなし、高率小作料を可能にした、という見解についてはいくつかの留保が必要であろう。我妻東策は「農産物多様化の現象……それは単なる水田より畑作へ、あるひは主業より副業への遊離ではなく、水田の高地価高地代維持拡充の一手段としてなされたものと観ねばならぬのである」（我妻東策：1937：489～490頁）、と言われる。

これは高率小作料の原因ではなく、その結果として「農産物多様化の現象」がみられたということであろうが、こういうことが成立するためには、個別農産物それ自体としての価格及び小作料の大きさが問題となっておらず、ともあれ生存維持のための手段としてなされる場合であろう。つまり「投資の可逆性」が存在しない場合であろう。もう一つのケースは、「出稼ぎ型」労働力論ともかかわることであるが、米作が副次的に行われている主として〈養蚕型〉にみられるものである。ここでは養蚕の収入が高率小作料の補完をなしたのではなく、そもそも小作料率には関心が置かれていなかったのである。

たとえば、山梨県中巨摩郡落合村では小作農家55.8%、0.5ha未満所有農家82.2%、0.5ha未満経営層45.3%であり、その契約小作料は、収穫高9俵のうち5俵半（61%）と高かった。その理由は「養蚕業が盛んとなりし結果繭価騰貴時代には米作地小作料問題に就ては小作人が今日の如く重点を置かず、唯自家用消費米獲得にのみ意を用ゐ、小作料の騰貴に就ては無関心であった」（協調会：1934：60頁）。

また、長野県埴科郡五加村内川区でも、小作農家43%、0.5ha未満所有農家75.2%、0.5ha未満経営層77.7%であり、そこでの契約小作料は収穫高の61%と高率であった。その理由は「今を去る二十年前〔1914年〕頃までは…七子織、玉平絹の産地として知られ……従って農民の多くは養蚕を主業とし、寧ろ米作の如きは副業化して居たのである。即ち田の小作料の如きは飯米さへ取れればそれでよいとの建前から小作料の率の高低等についてはあまり関心を持って居なかった」（協調会：1934：120～121頁）と言う。あくまでも自家飯米の確保のためであった。こういうわけで、〈養蚕型〉地域において小作料問題が深刻化するのは、昭和恐慌期の糸価暴落をまたねばならなかった。

また、自小作の農民階層構成に占める位置とその機能に注目する見解がある。経営規模と自小作別を組合せた農家戸数は、1938年調査（農林省統計調査局：1948）までまたねばならない。ともかくこの農林省調査によれば、0.5ha未満層に自作の42.5%、小作の54.4%が属しており、表示した**表27**の岩手県分では自作の26.6%、小作の50.5%であるが、この0.5ha未満層を別とすれば、自小作は経営規模別にも自小作別にも大きなウェイトを占めているのである。

こういうなかで、東浦庄治や宇野弘蔵によって、この自小作農が果たす機能について、自作地だけでは生活が困難であり、小作地を求める競争の結果、その自作地からの収入を犠牲にしてある程度高い小作料を支払うことができること、それがまた小作農の小作料をいっそう重からしめた、という見解がある（東浦庄治：1933：118頁、及び宇野弘藏：1965：64頁など参照）。

この見解にはかつて私は次のように述べた（山内司：1974：204～205頁参照）。土地所有が生産者たちの最大部分にとっての生活条件をなし、彼の「資本」にとっての不可欠な投下場面である場合には土地所有にたいする需要が供給をしのぐことによって土地価格は騰貴するであろう。おなじく土地購入のための資金がない場合には高い小作料に結果するであろう。その場合、宮城県調査が「昔から耕地経営は自作地二、小作地一の割合が最も有利であると言われているが、この調査においてもその傾向はうかがわれ」（宮城県調査課：1949：30頁）たとしていることが示唆的である。というのは、一定の技術水準と耕地で自家労働力を完全燃焼させて、それによって生活をなしうる小農層がもっとも「理想」的ではあっても、田辺勝正の言われるように「田地の一般的売買価格（全国的価格を意味す）は……小作料収益に依ってより多く支配される」という事情から、農地がその「価値」以上に高く決定され、1928～37年の10ヶ年平均の田地収益価格は461円であったが、その実際価格は538円であった（田辺勝正：1940：170～179頁参照）、からである。

このように地主制下の高率小作料が高地価をもたらすとすれば、経営にとっては土地購入よりも借地によって「小農」規模に近づくという形態と方向での自小作農化がもっとも「適合的」存在だということになる。逆にまた、こうした自小作農が多いほど高率小作料に耐え、かつそれを維持する機能を果たすことになる。この自小作農の存在は、0.5ha未満に多くの割合を占める自作農が小作料と地価の水準如何では小作地を購入しようとする動きとともに、小作農の借地のための競争を激化させ、相対的に小作貧農ほど小作料を重からしめることになる、と。

ここで表28を示す。自小作別には、といっても1.5～2.0ha層であることに留意する必要があるが、あまりはっきりとした傾向は伺えない。経営規模別には規模が小さくなるにつれて反当たり平均小作料は大きくなり、上層でもっとも低いことは明らかである。

さらに農林省農務局『農家経済調査』の1927年度と1929年度の調査別表を集計して、地域別・自小作別・規模別反当たり平均水田小作料を算出した(山内司：1974：206頁参照)。これによると、地域別には生産力水準を主として反映し、西日本の方が小作料は高いこと、両地域とも下層ほど反当たり小作料が高いことが確認される。ただし、自小作別にはあまり明瞭ではない。

問題の焦点は、この小作料をいかなる性格のものとみるかということであるが、中層とくに1.5～2ha以上層には地代に相当する部分があったと仮定しておくことができるように思われる。仮定の根拠は表29に示したよう

表28　反当たり平均小作料（1922～34）

(単位:円)

	自　作	自小作	小　作	0.5～1.0ha	1.0～1.5ha	1.5～2.0ha	2.0ha以上
1922	—	25.4	30.6	29.8	34.9	28.0	26.3
24	—	33.5	64.9	42.7	38.5	41.7	29.4
26	33.8	32.5	30.7	43.6	36.2	32.5	20.5
28	32.0	25.8	27.1	34.9	29.0	30.9	15.7
30	46.0	14.8	21.0	29.0	20.5	21.1	20.0
34	5.1	22.5	23.1	28.7	21.8	21.0	23.1

〔出所〕農家経済調査改善研究会『大正10年度～昭和16年度農家経済調査概要』1957年、(以下、『調査概要』と略記）28頁、40頁、52頁、64頁、77頁、101頁、153頁、157頁、165頁、169頁、173頁、177頁、181頁より山内作成。

（1）耕地借入面積で経営費の小作料総額を除したもの。

（2）自小作別の平均小作料は、山内（1974：91頁）と異なっているが、それは稲葉編『復刻版』との原票の処理方法の違い（『調査概要』12～17頁参照）である。

表29　玄米石当たり平均生産費・価格・需給（1922 ～ 30）

年	平均生産費(円)		庭先相場(円)	中央標準相場(円)	需給(万石)			一人当たり消費量(石)
	自　作	小　作			国内生産	国内消費	総供給高	
1922	37.6	38.9	27.4	31.85	5,518	6,286	7,101	1.100
23	37.7	42.2	32.0	37.99	6,069	6,671	7,421	1.153
24	37.0	42.6	38.2	42.47	5,544	6,578	7,177	1.122
25	32.5	35.3	37.2	38.91	5,717	6,705	7,447	1.129
26	33.7	33.8	34.3	36.79	5,970	6,822	7,475	1.130
27	29.4	28.2	30.3	31.12	5,559	6,716	7,423	1.095
28	28.4	28.8	27.9	29.22	6,210	7,028	7,912	1.129
29	26.4	30.0	27.1	27.44	6,030	6,948	7,705	1.100
30	26.1	22.0	17.8	18.29	5,956	6,891	7,519	1.076

〔出所〕石渡幸雄「米生産費調査の統計的分析」『農業総合研究』第4巻3号、178頁、石橋幸雄編『帝国農会米生産費調査集成』、松田延一編『米麦統計原稿』（原資料は『米麦摘要』1942年版。未発表原稿、日本農業研究所より借用、以下『松田原稿』と略記）から山内作成（拙著『序説』20頁より引用）。

（1）生産費調査は1922～24年、1925～29年、1930年で調査方法が異なる。また、1922～24年の耕地面積は自作1.2ha前後、小作1.0ha前後、1925～27年の稲作面積は自作1.5ha前後、小作1.4ha前後、1928年以降は不明。

図2　米価と地代水準の模式図

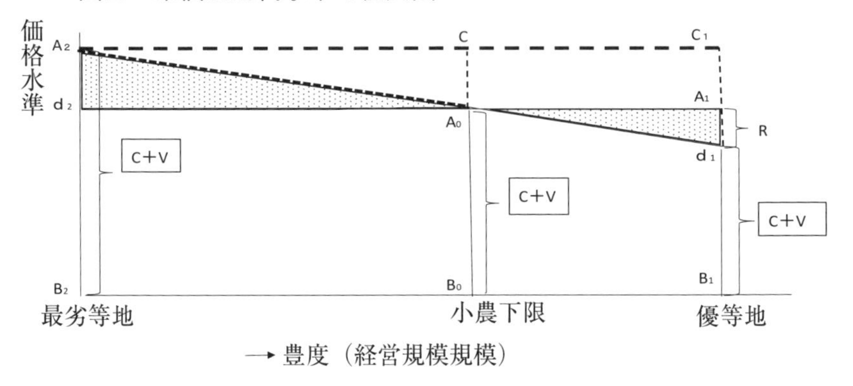

〔出所〕山内作成の模式図 。

に 1925 ～ 27 年の稲作面積 1,4ha 前後の小作農は生産費を償っていることである。これは経営規模からいえば 2ha に近い小作農かもしれない。もう一つの根拠は、渡辺信一が『農家経済調査』と『本邦農業要覧』から「自家資本（「純資産」）と自家労力とが略相均しい収入を農家に提供して来た」（渡辺信一：1935b：97 頁）と言われていることである。ここでの経営規模はやはり 1.5ha 前後なのである。

以上から、当時は豊度及び資本条件は経営規模と密接な関係があったと考えることができる。表 29 に示した需給との関連で言えば、需要が国内供給より大であるから、価格は――資本及び労働力の自由な移動が存在するならば――論理的には、私が作成した仮定図、図２の最劣等地 A_2B_2 の大きさで示すことができるかもしれない。この水準で価格が規定される場合、差額地代総額は三角形 $A_2d_1\ c_1$ の大きさで示される。しかし現実には価格水準は――それがどういう機構によって規定されるかは後に触れるとして―― A_0B_0 の大きさとして、植民地米の移入を含めて、ほぼ 1.5ha 前後の費用価格をカヴァーしうる程度として推移したのである。

それは需給の観点から言えば、小農下限以上の国内供給量だけでは社会的需要を充たしえなかったのである。こうして、小農下限以上層は個別生産費と米価の差額として「差額地代」総額として三角形 $A_0A_1d_1$ を手に入れ、小農下限以下の者は生産費を償わず、赤字総額は三角形 $A_0A_2d_2$ となる。

さてこうした仮定が考えうるとすれば、この1.5～2ha層は経営合理化を図るなかで、ともかく相対的に高い小作料を支払いえた。その合理化は小作よりも自作、自小作のほうが徹底しておこなわれた。その点は1930年代になるといっそう明確になる。

以上のように理解できれば、問題は下層にあるということになる。既述のように、貧農下層は農業離脱を可能とするような就業機会を容易に見出し得ず、生存のために過剰な労働力を農業部面に投下せざるを得ず、兼業によりつつ高い小作料の支払いを経済的に強制されたのである。下層になるほど反当り小作料が高いという表28にみる事実のうち、少なくとも1ha以下層は中層の小作料とはその性格が質的に異なると考えるべきであろう。〈商品経済の原理〉では解けないのである。

さてひるがえって、自小作の機能に注目する場合、次のような限定を置くべきだと思われる。つまり、①恒常的な賃労働兼業機会の狭小性という条件のもとでは、自小作の競争によって小作料が高められていくとしても、その小作料はどこまでも高まるのではない。少なくとも生存水準が維持できる生活費までが限度となるはずである。②恒常的な賃労働機会が存在するようになれば、高率小作料に結果するような借地を巡る競争は行われなくなり、その労賃水準に照応する生活費によって小作料の大きさは規制され、小作料は低下することになるはずである、と言うことである。

こういうわけで、自小作農の競争によって地代が高められていくかどうかは労働力市場の展開度によって規定されていると言うべきである。Ⅰでみたように、米価は限界条件によって規定されておらず、米価水準を所与とすれば、それと生活費との差額が小作料額を規定したのである。したがって、自小作農の階層構成に占める位置とその機能に注目すべきではあるが、それを過大に評価してはならないであろう。自小作別の反当たり小作料があまり大きな格差を示さないのも、おそらくそのためであろう。

最後に、高率小作料を維持する要因として、中小零細地主の多さをあげる見解がある。20年代には、3ha以上所有農家は総農家数の8%前後であるが、栗原百寿によると、3ha以上所有農家の6割は手作り地主、4割が不耕作地主的性格をもっていること、地域別には「東北においては比較的大地主にして

〔10ha以上所有〕初めて不耕作地主化するのであるが、近畿においては比較的小地主〔5ha以上所有〕で不耕作化する……。これはまた逆に東北においては地主の手作するものが多く近畿においては手作地主が極めて少数であることを物語る」(栗原百寿：1943：122～124頁)。『農事統計表』によれば、耕地所有者総数の約2割は不耕作地主であったというから、実際には2ha以上層は多かれ少なかれ不耕作地主的性格を持っていたとみてよいかもしれない。

小林平左衛門も、巨大な地主と言われる者でも手作りの範囲は「やはり二町以上作るという人は少なかったと思いますね。三町以上というふうな手作りの人は特別の人以外はなかったですね」(小林平左衛門：1950：49頁)と述懐している。

ただ、この時期はさきにも述べたように、3ha以上所有農家は総農家の1割に満たず、50ha以上所有者の耕地は総耕地の7%にすぎなかった(農商務省：1924：676頁の表)。逆に0.5ha未満所有農家は総耕地の16%であった(五十棲藤吉：1956：175頁の表)。つまり、中小零細地主が多かったのである。この中小零細地主が小作料に依存して生活しようとすればするほど、高い小作料を要求するであろうし、また零細規模であれば自家労働力に依って耕作することも不可能ではないことによっても、大地主よりも小作地引き上げという強権の発動という現実的可能性があり、これまた小作料が高率となる要因である。

井上晴丸の試算によれば、小作料収入のみで生活するのに必要な小作地面積は、1912年4.4ha、19年4.3ha、25年6.1ha、31年4.9ha、37年4.5ha(井上晴丸：1955：78頁参照)である。巨大地主は別としても、圧倒的多くの中小地主は不耕作地主的性格をもっていたにしても、基本的には耕作地主であったとみるべきであろう。小作料収入のみで生活できる4～5ha以上所有農家は多くはなかったからである。

ちなみに、大場正巳の研究によると、1912年の山形県西郷村(現、山形市高松部落)の「小作慣行調査書」では、1908～12年の5ヵ年平均実収小作料は上田53%、中田65%、下田62%と、上田のほうが低くなっている。また大場は4町歩地主加藤家が自作地主経営(1912年田自作地1.9ha、田貸付地1.7ha、畑自作地0.7ha)であり、その貸付地は「いずれも二、三等級地で、加藤家からも遠距離にあるいわば相対的劣等地であり、生産力追求的な自作経営から排除されたもの」（大場正巳：1960：230 頁）でありながら「その小作料は決して低いものではない」（大場正巳：1960：233 頁）とされている。

この大場が明らかにされた事例研究は、私の論理に適合的である。ただ、大場自身は、この加藤家のような《優等地—耕作。劣等地—貸付》というあり方を例外のように把握されている（大場正巳：1960：202 頁参照）。ただし耕作地主化が多いとすれば、こうした事例は例外とは言い切れないと思われる。と言うのはこうである。

石橋編『帝国農会米生産費調査集成』をみると、近畿よりも東北において反当たり労働日数が大であり、かつ反当たり肥料投下額も大であること、にもかかわらず反当たり収量は近畿のほうが大であることがわかる。この近畿にくらべて東北の「多労——多肥」的かつ「反収——少」という事実はどう解するか。さらに自小作別に立ち入ってみると、東北では自作に比して小作の「多労——多肥」的かつ「反収——少」の傾向、近畿では自作に比して小作の「多労——少肥」的かつ「反収——大」の傾向が明らかである。これを統一的に明らかにすることは難しいが、戦前の東北は近畿よりもより劣等な・かつ分散的圃場であったと考えられること、そしてまた東北は耕作地主（手作り地主）が多く、〈優等地自作——劣等地貸付〉が一般的であり、近畿では寄生地主が多く、〈優等地貸付〉が基本であったことから説明できるのである。

一般的には梶井功が指摘されるように「土地所有序列に照応した生産力序列が大正期以降くずれてくる」（梶井功：1961：23 頁）のであるが、そしてそれは一方では明治農法の確立を通して、他方では農民の生活権意識の形成を通して、そういう傾向をもつにいたると言ってよい。だが、そこから地主の寄生化＝小作料収取が主要機能に転化（株式公社債への投資による配当金依存）するには、ある一定以上の所有規模が必要であったし、なによりも〈東北型〉と〈近畿型〉との地帯的差異が留意されなければならないのである。

また、林宥一の研究によれば、1922 年埼玉県南畑村の小作人 364 名が「従来は土地の良否を考えずに一律に小作料を定めていたが、これに等級を付して小作料の標準を定めること」（林宥一：1972：4 頁）を要求の一つとして掲げていたことを明らかにされている。こうした事例は、さきにも述べたように、小作料が差額地代第一形態DR Ⅰではなかったことを示唆しよう。それはまた、農業に投じられた資本の増加とともに生じる差額地代第二形態DR Ⅱでもなかったことを意味する。

以上みてきたように、小作料を高率にする要因はいくつか考えられるが、その規定的要因は労働力市場の狭小性、つまり、農民が農村過剰人口として位置付けられたことにあると言ってよい。もはやDR Ⅱに類推できないことは明らかであろう。小作人はこういう事情のもとで、地主をポトラッチ・パートナーとしたのである。

Ⅲ　小作料の低下はなぜ生じたか――家族共同体の再生

(1)　高率小作料の低下要因

以上のように高率小作料の形成要因が説きうるとすれば、その裏面にあたる低下要因を説くことは容易である。中沢弁次郎が「地主階級の社会的地位を擁護する無償の踏み台となり、その下積みにされて居ることを運命と諦めて居られる程、シンプルな思い切りの良い階級」（中沢弁次郎：1924：130頁）と言われた小作農に、第一次大戦が与えたインパクトは大きかった。労働力市場の拡大と、それにともなう商品経済の浸透が家族としての機能を麻痺させていった。家族共同体の崩壊の危機である。いわゆる大正デモクラシー状況の中で、小作貧農＝農村雑業層のなかに地主の「踏み台」として「下積みにされて居ることを運命と諦めて居」ることにたいして、労働意欲を持つ主体として「人間たるに値する生活」＝最低限度の家族としての生活機能維持、家族共同体の再生の要請があらわれたのである。小作貧農にとっては最低限、小作料をおさめた残りで生活ができるかどうかが問題で、自分自身に支払う「賃金」など無くてもよかった。小作貧農の生活を守るとは、何も対地主闘争を意味するだけではなく、生活難からくる沈黙の抵抗、声なき声であった。それは対地主闘争として権利要求に矮小化すべきではなく、家族の生活ができさえすればよいのである。

小作料の低下傾向があらわれた。表30のとおりである。それも、加藤が分析しているように、水稲反収の上昇、たとえば1911～15年、16～24年、25～30年において、近畿ではそれぞれ2.10石、2.11石、2.21石、東北ではそれぞれ1.59石、1.85石、1.93石と上昇するなかでみられた傾向なのである（加藤惟孝：1960：134～135頁の表）。この事例についても拙著（山内司：1974：211～212頁、特に217頁参照）をみられたい。さてそこで、以下では小作農の８割前後が1ha未満層に属していたことから言えば、小作料はこの層を対象にみていけばよいであろう。

ここで犬塚昭治の「地代」の論理を問題としておこう。犬塚は「まず不況の展開による過剰人口の一般的存在があって、それがこの層〔0.5～1.0ha層〕

表30　普通田畑石当たり実納小作料（1913～35）

年	全国平均		東　北		近　畿	
	田（石）	畑（円）	田（石）	畑（円）	田（石）	畑（円）
1913	1.12	9.22	0.94	5.93	1.27	10.37
19	1.12	17.57	0.95	11.20	1.26	20.47
21	1.17	18.75	1.01	12.23	1.36	21.47
22	1.14	19.56	1.03	14.62	1.30	22.67
23	1.12	19.96	1.02	13.96	1.25	22.62
24	1.09	19.96	0.98	13.41	1.20	22.02
25	1.07	19.16	1.03	15.29	1.19	21.77
26	1.07	18.99	1.02	13.68	1.19	21.66
27	1.02	18.78	0.95	11.80	1.04	20.97
28	1.03	18.47	0.97	11.81	1.10	22.84
29	1.03	17.20	0.97	12.61	1.11	21.08
30	1.03	15.94	0.97	12.16	1.12	18.85
31	1.02	13.74	0.98	10.75	1.12	16.53
32	1.01	11.21	0.96	7.57	1.09	13.64
33	1.02	10.92	0.97	7.13	1.11	13.66
34	1.04	11.20	0.98	7.87	1.15	13.95
35	1.02	12.67	0.95	9.59	1.11	15.76

〔出所〕大日本農会『本邦農業要覧』1940年版、287～290頁より山内作成。
(1) 近畿の1925年までは四国を含む。

の農民労働力をして自己の零細経営に重投せしめてその価格水準を低下せしめ、その結果地代水準が相対的に増大する……粗収入にたいする小作料の比、いわゆる小作料率も事実増大することになる。ただ平均小作料現物量（反当）は……この時期にはいくぶん低下傾向をしめすのであるが……それはこの時期に本格的に展開した対地主の小作闘争や土地改良事業やのためと考えられる」（犬塚昭治：1967：264頁）と言われる。

そこで、そもそも下層（0.5～1.0ha層）における農家労働力の重投ということを巡る問題の理解について触れておきたい。表31に示したように、家族農業労働日数が増加しているのは自小作層、1.5ha層であって他層はむしろ減少している。反当たり農業労働日数の絶対値はなるほど下層が大ではあるが、その増減からみると1.5～2.0ha層で増加していると思われる。さらに自家農業労働時間をみると、下層は1922年5792、24年6983、26年5304、28年5680、30年5321、31年4926、32年4879（いずれも単位は時間）で、むしろ停滞しているとみてよいであろう（加用信文：1977：535頁の表）。ともあれ、下層農民は生存するために労働力の重投をおこなったのである。犬塚の過ちは、〈商品経済の原理〉に則って、費用価格（C＋V）の超過分をめぐって競争がおこなわれ、その結果「地代」（DR Ⅱ）の増加がおきるということと、〈共同体の原理〉に則って生存するために零細な土地に労働力を充当することを混同され、限界条件規定が作動していると思い込んでいたのである。構造的な過剰人口のもとで、農家の世帯主の工場労働者への転出の道は限られており、農業に重投するしか生きる道はなかったのである。

ちなみに、下層農民が労働力を重投するのは生きるためであって、土地生産力は大であるが、労働生産力はもっとも低い。生産力がもっとも安定している1.5～2ha層こそ労働生産力は大なのである。2ha以上層は土地生産力の低下と労働生産力の停滞を招いており、経営的上向の余地はなくなっていた。そして、下層においても土地生産力の高さにもかかわらず、その頭打ちと労働生産力の低下から反当たり労働日数も頭打ちとなる。しかも労働力の過剰投資そのものの解消にはいたらず、労働力市場も極めて狭いことから「投資の可逆性」は無いにひとしかったのである。

敷衍しよう。生産力については犬塚が詳しく分析しておられるから（犬塚

表31　自小作別・経営規模別農業労働と兼業労働日数（1922～33）

（単位：日）

年	経営規模別（ha）				自小作別			
	0.5～1.0	1.0～1.5	1.5～2.0	2.0～	自作	自小作	小自作	小作
1922	537(128)	738(73)	691(82)	882(106)	728(25)	696(108)	777(255)	652(104)
24	565(98)	695(82)	685(109)	862(92)	796(63)	723(139)	713(109)	625(71)
27	591(42)	586(61)	566(90)	771(92)	606(61)	728(72)	648(90)	590(94)
29	535(58)	626(93)	645(78)	754(45)	667(68)	674(80)	592(55)	715(62)
30	505(113)	621(57)	744(91)	759(43)	674(50)	757(101)	602(68)	588(82)
31	479(185)	643(151)	733(141)	789(145)	581(147)	986(293)	628(166)	570(182)
33	492(166)	602(156)	787(143)	730(158)	595(152)	625(136)	617(168)	580(170)
1922	73	64	35	41	50	50	62	51
24	83	61	42	38	56	48	46	48
27	67	51	38	35	41	44	43	37
29	64	54	42	36	41	47	55	41
30	67	52	47	37	44	51	44	44
31	67	55	45	41	53	64	55	57
33	68	52	48	35	56	50	49	51

〔出所〕改善研究会『調査概要』27～28頁、39～40頁、57～58頁、70～71頁、76～77頁、82～83頁、94～95頁から作成（拙著『序説』213頁より引用）。

(1) 上段は年間家族労働日数、カッコ（　）内は兼業労働日数（「賦役と公共労働」）

(2) 下段は反当たり農業労働日数。家族・雇用労働日数を耕地面積で除して算出。

(3) いずれも10時間を一日として換算。

昭治：1967：226 ～ 266 頁の分析と図表）それを参考にしてみたい。『覆刻版農家経済調査』で 1.5 ～ 2.0ha 層の土地生産力を自小作別にみればあまり大差ないが、概して自作になるほど高く、小作になるほど低い。それは 30 年代になってもやはり大差はみられないが、小作よりも自作、自作よりも自小作において土地生産力は高くなっている。

また『調査概要』で規模別にみると下層ほど土地生産力は高いことがわかる（犬塚昭治：1967：223 頁、225 ～ 226 頁の表）。ただし、ここで犬塚は下層ほど生産力が高いという事実は「一般に下層におけるほどいわゆる商業的農業がさかんであるという……事実に対応するもの」（犬塚昭治：1967：227 頁）と言われるのは疑問である。また商業的農業が下層ほどさかんであることが「最下層の農民における地代負担能力を増大せしめる一因にもなる」（犬塚昭治：1967：227 頁）と言われるにいたっては大いに疑問である。というのは、第一に、下層では 20 年代とりわけ前半には構成比としての養蚕・養畜収入は他層にくらべて大ではあるが、30 年代になると他層にくらべて構成比としては強調するほどの格差はみられなくなる、第二に、下層では年々作物収入の構成比が増加していること、第三に、中層以上において経営合理化のために商業的農業が導入されたのにたいし、下層ではせいぜい不況対策としての換金作物として導入されたことからも商業的農業の展開は中層以上にみられたとはいえ、下層にみられたとは言い難い。

しかも土地生産力が下層ほど高いのは商業的農業が盛んなためでもない。構成比的に大差がなくなった 30 年代においても、依然として下層ほど土地生産力が高いからである。土地生産力が高いのは労働機会の狭小性に由来する過剰人口の堆積、労働力の多投に由来したのである。

次に、時間当たり農業収入をもって労働生産力を代表するとしてみると、上層ほど高く、下層ほど低い。その生産力の伸び率から言えば、中層とくに 1.5 ～ 2.0ha 層において顕著な伸びがみられる。さらに『覆刻版』で 1.5 ～ 2.0ha 層の労働生産力を自小作別にみれば、自作になるほど労働生産力は高くなる（犬塚昭治：1967：230 頁及び 236 頁の表）。

こうした事実は、小作料が DR Ⅱ に類推することができないことを示唆しよう。

ともあれこうしたなかで、商業的農業の導入による経営の多角化、合理化をつうじて労働及び土地生産力を同時的に上昇せしめている1.5～2.0ha層の相対的優位性がみられたのである。下層においては労働力の過剰投下そのものを解消するにはいたらなかった。すでに述べたように、1.5～2.0ha層と1ha以下層では小作料の性格が質的に異なっていたのである。

ところで、増加した小作料部分が低下するのはなぜか。犬塚昭治はそれを「小作闘争や土地改良事業」に求められる。このうち、前者の小作争議に求める見解は多いし、大内力も、小作料の低下の「直接の契機は、何といっても小作争議であった」（大内力：1960：209頁）と言われている。はたしてそれは正しい理解であろうか。

第一次大戦にともなう好況過程での労働力市場の拡大、続く終戦にともなう労働力市場の縮小、またその過程で農民の生活防衛意識が強まったことに注目しなければならない。土地返還後の小作人の生活を保障しうるような条件があれば、「近畿型」のようにそれがある程度現実的な移動可能性のある地域であれば積極的に小作料引下げの争議が展開される。「東北型」のようにそれがなお潜在的な可能性にとどまる地域では争議には発展しなかったと考えられる(2)。この点、農林省調査が「東北・北陸ノ諸県ハ離村者多キモ帰村者亦多ク其ハ短期ノ一時的離村多キ関係ナルヘク之ニ反シ茨城、神奈川、大阪、滋賀等比較的都会付近ノ諸県ニ於テ離村ニ比シテ帰村者ノ少キハ注目ニ値ス」（農林省：1929：21～22頁）と述べていること、また「近畿型」（近畿6県、三重、岡山、香川）の経営規模別農家戸数は「東北型」（東北6県、栃木、茨城、新潟）と対照的に0.5ha未満層の減、小作の減少を示しているのである（細貝大次郎：1951：765～769頁の表）。だか争議にいたらないまでも、各農民達の生活権意識の確立は地主による小作料引き上げを困難にしたのである。

実は犬塚自身、小作料の低下をさきに引用したように、「この時期に本格的に展開した対地主の小作闘争や土地改良事業やのためと考えられる」（犬塚昭治：1967：264頁）と言われながら、他方ではこれとは矛盾するが、「現実の小作料額が地代部分をあらわしていたと考える」論拠の一つとして「小作争議はこの時期に本格化しているのであるが……一般に大勢を支配するていどのものではない」（犬塚昭治：1967：111～113頁）とされていたのである。

では、後者の「土地改良事業」に小作料低下要因をみることはできるのであろうか。この点は加用監修『改訂日本農業基礎統計』にかかわってみるように、耕地の劣等地化が進行していたというのが、私の結論である（図３参照)。

たしかに、以下にみるように耕地の優等地化の事例はいくつかある。耕地整理（主として地目変換、暗渠排水など）による土地改良は主として在村の中小地主が小作料引き上げを目的として行ったのであり、その結果は下田が減少して上田が増加したことの報告がみられるし、また『大正十年小作慣行調査』も小作料騰貴の原因の一つとして「耕地整理其他ノ土地改良ノ行ハレタルコト……ニ依ル収量ノ増加」（農林省：1933b：214 頁）を指摘している。この時期に耕地整理面積も 1920 年 26 万 ha から 1931 年 50 万 ha、農業水利改良面積も 31 年には 18 万 ha に達している。1920 年開墾助成法に基づく開墾も拡大されている。

だがそれにもかかわらず、全体として耕地の劣等地化が進行したという結論に変わりはない。図３にみるように、この時期の耕地整理の増減が著しかったのは畑地であって、水田はその拡張と遺廃でほぼ相殺されて微増といったところだからである。わけても北海道では、この時期、農村の窮乏から畑の荒れ地化が進行した。ところが、この時期の耕地遺廃を不況による「限界地の放棄」とか、開墾による「優等地の増加」に結びつける見解が大内力らによって示されている。楫西光速・加藤俊彦・大島清・大内力らによる双書『日本における資本主義の発達』のシリーズ(3)や、犬塚昭治による次のような発言である。犬塚は「開墾もこの時期には年々拡大されているが、他方では限界地の放棄をいみする遺廃もおこなわれているのであるから、この開墾も生産のいわば外延的拡大のためというよりも、むしろ優等地の増加による過剰人口の吸収のためにおこなわれたとみられる」（犬塚昭治：1967：218 頁）と言われ、さらにその注で「この時期の土地改良によって劣等地が優等地化せしめられ、その結果差額地代総量が縮小した、ということもあったに違いない。……一方で開墾がおこなわれ、他方で遺廃がおこなわれたということは一面ではこれと似た現象といえるのであって、優等地が増加したことをいみするものといっていい。ともかく……この時期にいわゆる小作料率が低下する傾向をしめすことになるわけである」（犬塚昭治：1967：219 頁）と言われた。

劣等地の優等地化という側面を全く否定するわけではないが、劣等地＝小作地として、その改良を小作料率の低下に結びつけることは根本的な疑問である。確かに、この時期には、作付面積微増による米収穫高増（耕地の優等地化ではない）と反収の微増がみられた。しかしそこから、限界地放棄・開墾による耕地の優等地化による小作料率の低下が求められるであろうか。そもそも耕地整理や開墾といった土地改良事業の主体は誰なのか。在村の中小地主が小作料引き上げのためにおこなったのである。それが小作料率低下に結びつくとは、地主から言えば想定外の事態である。むろん、八木芳之助も20年代の開墾は劣等地に向かっていたとされている（八木芳之助 1934　35頁参照）[(4)]。それはいうまでもなく、生産費の割高を意味するのである。だがもっと奇妙なことは、犬塚昭治自身が、この時期「地代部分はいかなる変化をみせるはずであるか。より劣等なる条件のもとで生産がおこなわれるのであるから本来ならば…現物量でも貨幣額でも地代は増加するはずである。そして労働力の価格は動かないのであるから、生産価額中にしめる地代額は絶対的にも相対的にも増大するはずである」（犬塚昭治：1967：262頁）、と言われるのである。犬塚はこの延長上に、さきに批判したところであるが、現実には「不況の展開による過剰人口の一般的存在があってそれがこの層〔0.5～1.0ha層……山内〕の農民労働力をして自己の零細経営に重投せしめてその価格水準を低下せしめ、その結果地代水準が相対的に増大することになる、という論理」（犬塚昭治：1967：264頁）を示されるのである。

この論理では、なぜ東北地方でも1920年代前半からの小作料率が低下するのかわからない。「小作闘争」でも「土地改良事業」でもないのである。敷衍すれば、犬塚は「それ〔1.0～2.0ha層〕以下の階層の小作農家、すなわち日本の大半の小作農は……いっそう深刻な過剰人口を形成している」（犬塚昭治：1967：120頁）と言われ、その過剰人口については「社会的に標準的な労働力の価格水準以下であれば、かれらもまた過剰人口であるといわねばならない」（犬塚昭治：1967：170頁）と言われるのである。問題は、こうした過剰人口的Vが、労働力市場の重層性のもとで、その「投資の可逆性」が著しく制限されているとき、「下層における大きな地代負担力」あるいは下層の「地代水準の相対的増大傾向」という理解は、差額地代を成立させ得るのか。さらに

図３　耕地面積の増減

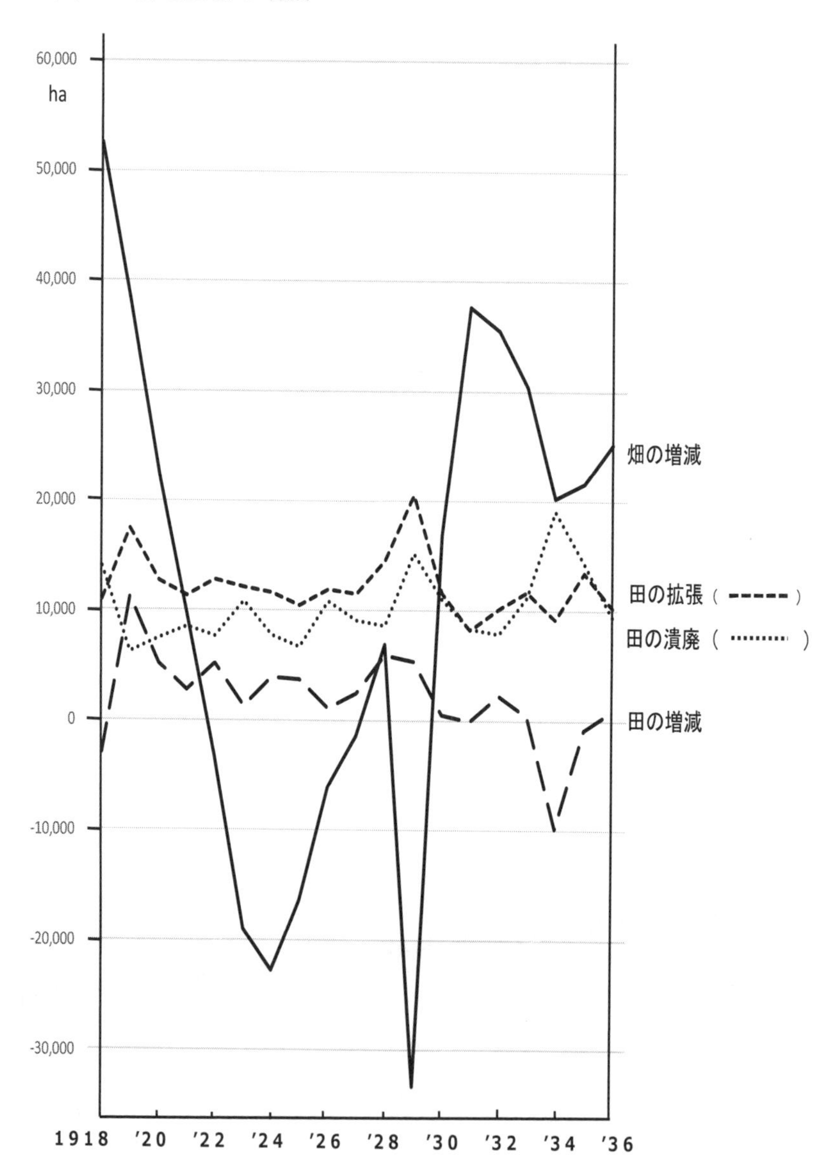

〔出所〕加用監修『改訂　日本農業基礎統計』58 頁、60 頁より山内作成 。

そこでの小作料がＤＲⅡ形態であるという理解が成立するのかどうか、である。ここではそうした理解は論理的に成立しないはずであろう。

ここでは、もはやマルクスの次の一文を引用しておくだけで十分であろう。曰く、「実際問題として非常にしばしば見受けられるように、もし借地料の一部または全部が、正常な利潤からの控除または正常な労賃からの控除だとすれば〝真実の剰余価値つまり利潤・プラス・地代は、けっして労賃からの控除ではなく、労働者の生産物のうち、この生産物から労賃を控除したあとに残る部分である〟、その借地料は、経済学的に考察すると、地代ではない。このことは、競争関係が正常な労賃と正常な利潤とを回復するようになれば、すぐに実際上でも証明されるのである」（K. マルクス：1970：77頁）[(5)]。

わが国の小作料において、差額地代の概念が成立するためには、①耕境に入らない未耕地と最劣等地との間に大きな生産力格差が存在しているか、②未耕地は競争に入れない事情があるか、もしくはすでに未耕地は存在しないといった事情のもとで、需要に対応するためには既耕地での追加投資しかない場合において、最劣等地と優等地における追加投資との生産力格差が極めて大きいことを必要とする。なぜなら高率小作料だからである。この場合、穀価が上昇して既耕地への限界追加投資がおこなわれたところで価格が規定されるというわけであるが、そこでは「投資の可逆性」が作動しているという条件が不可欠なのである。追加投資をした部分は農産物価格が下落した場合、即座に回収されるという仮定をおくべきだった。しかしながら農地への投資はさほど単純ではない。これまで見てきた限りでも、そうした「投資の可逆性」が成立しうるような市場ではなかったのである。さらに小作料がDRⅡであるためには、①小作農の費用価格が「限界条件における費用価格」よりも低いこと、及び②小作農は優等地を耕作しており、しかも劣等地との同一資本額による反収差が大きいことが論証されなければならないが、それはいずれも論証されていない。

(2)　生活共同体意識の確立

以上みてきたように小作料の低下は犬塚昭治の言われる地代の論理では解けないし、また小作争議や土地改良事業のためでもなかった。小作料が差額地代第二形態でなかったからである。それは30年代についてもそうであると言っていい。彼等下層・小作農は、いみじくも東畑精一が言われたような「窮迫商品生産」(Forced　Selling)をなす「半生産者」(東畑精一:1941:205頁)と言うべきであろう。

「村落内で村人同士がお互いの小作地を保障しあうという農民意識」(坂根嘉弘:2002:467頁)の発生や、小作地を引き上げられた小作人は「それまでから『村』社会にあった集団的規範としての互恵関係・互助関係を前提」(坂根:2002:471頁)としてお互いに小作地を融通することが約されていた。また「小作料が多く『先約』によったことによって……村落民の間に周知し、固定化される」(大場正巳:1960:304頁)。こうしたなかで、政治・経済状況の変化、米価低落を契機に農民の生活権意識の確立による地主への抵抗が、地主に契約小作料引き上げを困難にさせた。

その点を敷衍する意味で、犬塚の言われる「小作料率」(つまり、小作料を農業粗収益で除したもの)を算出すると、下層では1922年11.8%、24年8.2%、26年10.4%、28年14.2%、29年16.0%、30年14.3%、31年15.6%となる(農家経済調査改善研究会:1956:29頁、41頁、53頁、65頁、72頁、78頁、84頁、169頁より算出)。この小作料率の20年代前半の低下傾向と後半以降の増加傾向は、犬塚の言われる理由によってではなく、農業粗収益が不況のなかで1922年1060円、30年672円、31年512円と深く低落しているのに、小作料がそれぞれ125円、96円、80円というように硬直性をもっていたからである。田畑実納小作料が不況・恐慌期に増加していないという事実も以上で明らかであろう。関西で1907年恐慌前後から、また東北ではそれより少し遅れて、反収に比例しては小作料が上昇しなくなった。07年頃から農民の生活権意識の確立過程が進行し、大戦に伴う政治・経済状況の変化、労働力市場の拡大と収縮のなかで、農民の生活権意識が確立したことによる。佐藤正は宮城県南郷村の小作農の小山家(経営規模1.4～1.6ha)等の事例分析から、1920年代に入ると「生産力上昇と、それに基づく小作料固定化、小作料率低下」(佐藤正:1966:326頁)によって、小作農民の自立化が結論づけられるという。しかし生産力上昇が減免慣行をともなう高率小作料から契約小作料への移行をもたらすとしても、それがなぜ小作料固定化、小作料率低下にむすびつくのかの説明はない。それは労働力市場の縮小、兼業機会の減少、家族崩壊の危機にたいして、家族としての共同体意識の確立によってのみ、説明可能なのである。

対労賃が問題なのではない。ロシア革命やワイマール体制、日本での大正デモクラシーといった政治状況の変化、そういうなかで家族共同体としての崩壊の危機意識が、彼らに都市下層労働者並みの生活ができるような生活の質を要請したのである。事実、小作貧農層は自家飯米さえ確保できれば、兼業労働に力を入れ、争議に参加する者は少なかった。しかし、小作中層(ほぼ1ha以上層)は減免要求に参加する者が多かった。その相手は不在地主であった。いうまでもなく、資本主義の不均等発展から生活権意識の確立時点は地域差をともなうのであって、それゆえにまた小作料(率)の低下、小作争議の発生、地主制の後退も時期的・地域的な差異を見せて発現するのである。肝要なことは、農産物価格は限界条件によっては規定されていないこと、したがってまた〈産業としての農業〉は成立し得ないこと、しかしにもかかわらず家族としての共同体意識の確立によって、1ha以上の小作農の小作料がこの生活水準によって規制されたことである。それは生きる権利としての生活共同体の暗黙の主張であった。

すでに述べたように(山内司:1974:224～231頁)、1924年の50町歩以上地主調査によると、地主の貸付地面積の総小作地に占める割合は、東北6県で22.4%(8万5,851ha)、新潟では27.9%(3万9,208ha)、近畿6県で3.4%(7,211ha)であり、地主制は東北・新潟にその強大な基盤をもっていた(6)。当時の地主の職業は東北では「地主」・「地主自作」が「一般商業」・「金貸し業」を営むケースが多く、近畿では「一般商業」・「金貸し業」はすでに地主の手から離れており、地主はおもに「官公吏、会社員、銀行員」化していた。新潟はこの中間に位置していた。また地主数の推移からみると、全国(北海道・沖縄を除く)では50町歩以上地主数は1919年の2,452戸をピークに減少に転じるが、地域別には近畿6県は1912年111戸、新潟は1920年285戸、東北6県は1930年634戸をピークに減少に転じている(山田盛太郎:1951:802～803頁、806～807頁の表)。

こうした地主制の衰退は、奈良県法隆寺村の事例では、1900年代より手作り地主経営の衰退から寄生地主化の動きとしてはじまるが、それは大阪方面における労働力市場の拡大とそこでの賃金水準の影響が法隆寺村にも作男の賃金上昇としてあらわれてきたことによる。そうしたなかで、生活権意識の確立の画期こそが、第一次大戦にともなう労働力市場の拡張であった。産業構造の変化、すなわち重化学工業化がこの大戦期に進行し、会社企業・銀行の新設・増資が進展した。それがまた、地主の高利貸し機能の低調化、土地投資から株式・配当金への依存を一段と促進し、地主制の衰退を加速した。これらは、小作料におよぼす影響から、在村地主にとって不満の種となった。農商務省調査によれば、1920年において50町歩以上地主は3,223人で、うち不在地主は北海道529人、内地71人であったから（農商務省：1924：676～677頁参照）、多くは在村地主と言っていいが、不在地主が与えた影響は大きかったのである。

不在地主が与えた影響については、『大正十年小作慣行調査』は次のように述べたのである。

「一．不在地主ハ一般ニ地主間ノ共同事業（地主組合、農業実行組合、耕地整理施行、一般農事改良事業、小作人保護施設等）ヲ為スニ当リ勧誘上手数ヲ要スルノミナラス極メテ冷淡ニシテ加入ヲ嫌フモノ多ク為メニ事業遂行上不便ナルコト（北海道外一府三十三県）

二．不在地主ハ地方ノ事情ニ疎キト自作不可能ナルヲ以テ小作地ノ返還ヲ恐ルルトノ為小作人或ハ管理人ノ要求スルガ儘ニ小作料ヲ減免スルモノアリテ勢ヒ他ノ一般地主モ均衡上之レニ準シテ小作料ヲ引下ケサルヘカラサルニ至ルコトアリ（東京府外二府二十二県）

三．不在地主ハ農村財政上枢要ナル戸数割ヲ負担セス、葬祭、救済、其他一般農村社会事業等ニ対スル寄付金ヲナササルモノ多シ（北海道外一府二十一県）」（農林省1933b　312～313頁）と。

なお渡辺新は千葉県八街町の大鐘争議を事例としてとりあげ、小作争議の展開は地主類型によって大きく規定されると言う。そこでは①在村巨大地主・西村家（470町所有）が小作料の引き下げに応じ、②不在中小地主・伊藤家（55町所有）は小作調停法や自作農創設維持事業の展開のなかで、小作料減免や自作農創設に対応していったこと、ところが③在村中小地主・大鐘家（44

町所有）は国家権力による法外調停に対しても非妥協的な姿勢を保持したこと、「大鐘は小作料五円五〇銭を、小作人は三円を主張し……一九三三年大鐘は知事の調停を不履行とした」（渡辺新：1983：41頁）。

ここで留意すべきことは、この西村家について、大槻功が「『近代的地主』への転換」を必然化した要因を「地主経営に専念せざるをえなかったこと」、「農民運動が地主の反動化を許さず、逆に地主的土地所有の形骸化を実現するまでに発展していたこと」（大槻功：1979：234頁）の二要因を挙げておられることである。これだけでは、大鐘家との対照的な行動の説明としては不十分であろう。西村家は大地主であったがゆえに、大鐘家のように小作料収取を唯一の財源とすることなく、経営の多角化を図ることができたことこそが肝要であろう。

在村の中小地主にとってのより深刻な問題は危機に直面した農民の生活共同体意識の確立であり、家族を守るために小作農が小作料引下げを要求しはじめたこと、それにもかかわらず中小地主は大地主のように農外へ投じるほどの資金は無く、小作料収取が唯一の収入源であり、小作料軽減は彼の収入減と同義であったから、この矛盾をいかに解決するかに焦点が置かれた。20年代後半、とく1926、27年頃を転機として、中小地主による小作地引き上げや小作権問題を原因とする争議が激増したのも生活権意識のあらわれであった。とくに東日本における争議の激化は、米価の低落傾向や労働機会の縮小が不況の深化によって著しく強められたことによって拍車がかけられた。ここで、注目すべきことは、玉真之介が明らかにしたように①東日本は西日本にくらべて、人口の自然増加率がとくに大正期以降非常に高いこと、②生前贈与による次三男への農地分与（分家）がおこなわれていたことによって、借地の需給関係が借り手優位であったこと（玉真之介：2018：44頁、155～156頁参照）である。それは小作農にとっても中小地主にとっても死活問題であり、生活共同体の存続にかかわる問題だったのである。

以上みてきたように、わが国の小作料は差額地代の理論で説明できるような現象ではなかった。〈商品経済の原理〉を前提とする経済原論の延長のもとに類推されるような、限界条件における費用価格で農産物価格は規定されておらず、地代論が適用できるような事情にはなかったのである。価格は〈共同体の原理〉と〈商品経済の論理〉との組み合わせによって基本的に規定され、その価格を前提として小作人の手元にどれだけの現物量の米が残れば最低生活が可能かどうかで、その差額が小作料の量を決めたと考えてよいであろう。基本的にはそう言ってよいが、第一次大戦後は農民の生活権意識の高まりによって自己防衛システムが働き、小作料率は低下傾向を示した。それでも収穫の半ばに及ぶ高率小作料であった。

Ⅳ　生活共同体と小作料

小作料をめぐる問題はやがて土地問題となる。価格構造は労働者側から言えば米価は高く、農民から言えば低いという矛盾のなかにあった。価格政策としては不十分であっただけに、高揚する小作争議に対しては協調的な土地政策が不可避的に要請された。争議の激化につれて小作人組合や地主組合が設立された。大戦中からのデモクラシー思想の影響もあり、1921 年、27 年、33 年にかけて、小作人組合は 681、4,582、4,810 へ、地主組合も 192、734、686 をかぞえた。こういうなかで、両者の緩衝装置として協調組合が設立された。同上期間にその数は 85、734、2,309 と増加したのである（農林省：1934b：29 頁、31 ～ 32 頁参照）。協調組合は地主――小作人間の争議を未然に防止し、部落の枠内において解決することで共同体秩序を維持しようとしたのである。これに密接な関連をもったのが農会であった。1922 年の農会法改正で、農会は小作調停に介入する権限を公認され、また 1 反以上の農家を強制加入（会費は強制徴収）させ、共同体秩序を維持しようとした。ちなみに、高知県当局の方針は直接関与をさけ、争議の調停に農会を積極的に利用しようとした（農林省：1922：393 頁参照）。

1920 年原内閣のもとで、農商務省に小作制度調査委員会が設置され、小作法案がつくられるが日の目をみなかった。それは小作権の物権化、地主による小作権の解約制限など小作権の強化をもりこんでいたために地主側委員が反対したからである。ようやく 24 年に小作調停法が施行されたが、法律は小作関係を変更するものではなく、争議そのものをなくすという点では、大きな限界があった[(7)]。小作法がないのに小作調停法があるということが、小作人は調停に、地主は訴訟に訴えるという傾向をもたらしたのである。

こうした動きと並行しておこなわれたのが自作農創設維持事業であった。当初は貸付規模が小さいこともあり、26年からは規模が拡大した。重点は「維持」よりも「創設」におかれ、2万3千余人の「維持」と17万余戸の「創設」がおこなわれ、農林省は1926年から36年にわたる自作農創設維持事業を回顧して「全国的に之を概観すれば五、六反歩程度の農地を所有する自作兼小作層に進んだものが最も多い様である」(農林省:1937:7頁)と述べている。この自作農創設維持政策はいかなる本質をもっていたのか。1927年、人口食糧問題調査会は諮詢第二号「食糧問題ニ関スル対策、殊ニ我国ノ現状ニ鑑ミ急速実施ヲ要スト認ムル方策如何」に対する答申のなかで、次のように指摘している、「輓近小作争議ハ全国ニ瀰漫頻発スルノミナラス、其ノ性質深刻ノ度ヲ加ヘツツアリ……適切ニシテ有力ナル政策ヲ実行スルニ非サレハ我国ノ社会組織ノ根底ニ動揺ヲ来スノ惧アリ……此ノ際政府ハ有力ナル自作農創設政策ヲ採リ……土地所有権制度ノ長所ヲ発揮セシムルコトトセハ、農村ニ於ケル階級闘争ヲ除キ再ヒ農村ヲ回復シ、農民ヲシテ生活ノ安全ヲ得セシムルコトヲ得ルハ各国ノ歴史ニ徴シ明ナリト謂フヘシ」(農林省米穀部:1932:264頁)、と。

山本悌二郎農相は自作農創設事業を拡大しようとしたが、三土忠造蔵相は財政上の理由から28年の自作農地法案に猛反対し、結局閣議決定にならなかった。だがしかし、国家統治にとって小作争議の激化は深刻な問題であり、地主制が無用の長物化しつつあったのは確かであった。農務政務次官・東武が28年に「自ら農業に従事せず、農業に理解なき大地主や不在地主が、単に生活の資源として広大なる土地を占有して居るのは、時代錯誤の甚だしきもので、現代の真理・理念に反するものである」(東武:1928:17頁)と述べ、「土地を提供する地主に対しては、之に相当する代価を支払はねばならぬ」が「其の材源を何処に求むるやが困難な問題となる」(東武:1928:25頁)としていることが注目される。

栗原百寿は自作農創設維持政策について「はじめから地主的土地所有そのものを全般的に自作化することが目的ではなくて、その一部分だけを国家資金をもって肩代わりすることによって、地主的土地所有の残余の大部分を確保することが眼目であった」(栗原百寿：1961：53頁）と言われるが、これはきわめて皮相的な見方と思われる。また、小倉武一は「ブルジョアジーは自作農創設維持政策を支持するけれども、それがブルジョア的変革ないし改革とさえなることをおそれる。のみならず、労働者階級に対処するために、ブルジョアジーは、自らもその権力の一端を把握した『絶対主義的』色彩の強い権力に援助を求めたのである。したがって地主層と妥協しなければならず、いな地主層の利害を無視することはできなかった」(小倉武一：1951：500頁）と言われる。だがこの見解も、資本家及び地主といった諸階級から相対的に独立した国家の役割を見落としているように思われる。

なお、敷衍しておけば、「軍は優良な兵士は自作農であると考え、大正の末期になると農林省の新官僚などとともに、自作農の創設維持について積極的な関心を寄せる」(藤原彰：1978：110頁）し、また地主層はうち続く小作争議の嵐のなかで、1930年11月、大日本農政協会（旧、大日本地主協会）を中心として有利な土地売り逃げをしようと（猪俣津南雄：1934：218～220頁参照)、自作農創設維持政策の徹底を主張していたのである。

こうして米価政策はせいぜいのところ「中産者保護」の域を出ず、その価格構造の持つ矛盾は低米価維持策としてあらわれたが、それへの不満は土地政策をとおして自小作層のプチブル的意識を満足させることによってカヴァーされたのである。しかし、小作貧農層＝農村雑業層は鬱屈した不満の中に取り残されたのである。1930年、浜口内閣の下で提出された小作法案は衆議院までは通過した。第一次大戦後の現代化のなかで、地主的土地所有の排除をおこなおうとする動きが、萌芽的にもせよみられはじめた。自由権的基本権よりも生存権的基本権が優位に立ちはじめようとしていたのである。

小　括

表27の岩手県の事例にもみるように（全国調査の数字は、大内力：1978：160頁参照)、1ha未満の小作貧農層＝農村雑業層は小作農の過半数（1ha未満層では小作農の8割）を占めており、この層は少なくとも〈商品経済の論理〉によってではなく、様々な雑業と相互扶助によって再生産が可能であった。0.5ha

未満層の小作貧農は、農外所得のほうが多く、米は購入することが多かった。この層は、原価計算をせずに生きるために米を生産したのである。松尾秀雄が指摘するように、そもそも自然の恵みを受けることで農民層は生きる術を贈与される。こうして1ha未満の小作貧農層はお礼として田植え、草取り、収穫などの手間をかけることで自然とポトラッチをする（松尾秀雄：2009：53～56頁参照）。他方で、1.5ha以上層も自然とのポトラッチをするが、米の恒常的な販売者として、自分の労働力がどう評価されるか算盤をはじき、〈商品経済の論理〉によって再生産を維持していたのである。価格は〈共同体の原理〉と〈商品経済の論理〉の組み合わせによって基本的に総括されていた。

わけても第一次大戦後の慢性的不況のなかで、農民に生活共同体の意識が確立されてくると、米価の低落傾向や労働機会の縮小は大きな問題となってきた。中小地主による小作地引き上げの動き、小作人による小作料軽減要求——それはいずれも生活権にかかわる問題だったからである。岡田洋二も山崎延吉の『我農生回顧録』から次のような一文を引用されている。いわく「欧州の戦争に連れて、国民の間にデモクラシーが叫ばるゝやうになった事は…当時の所謂、賤民視せられた労働者や小作者は、或は生存権を主張したり、或は生活権を主張するやうになり、地主や資本家に向って、正々堂々と主張する処があるやうになって来た」（岡田洋二：2010：206頁）と。

小作料減免とか小作地の引き上げ反対運動は1～2ha自小作層を自作農創設維持策によって小作争議の戦線から離脱していくことによって、運動を停滞させていくのであるが（西田美昭：1972：267頁、268～274頁、及び佐藤正：1968：618頁、1129頁参照）、実はそれが生活共同体を侵害する問題でもあった。

大内力は、農産物価格論を〈商品経済の原理〉のみで成り立つ原論的な抽象理論の応用問題としてとらえたこと、供給側の論理のみによって展開したこと、そこにそもそものボタンの掛け違いがあったのである。それはまた、これまでの既存研究に共通する点でもあった。原論にも〈共同体の原理〉を取り込まないと、「理論と現実のクレバス」は埋められないのであった。したがってまた、小作料の低下は犬塚昭治や大内力の言われるような地代の論理では解けないし、「東北型」では小作争議や土地改良事業のために小作料の低下がみられたのでもなかったのである。

あらためて言えば、小作料問題とは生活権意識の確立にかかわる問題であったのである。「自家労賃」意識が語られることが多いが、すでに述べたように大事なことは自家労働の対価ではなく、1ha未満層の小作農にとっては小作料を支払ったのちに得られる米で生活ができるかどうかという、労働意欲の日々の再生を不可欠とする主体としての生活共同体の維持にかかわることであった。既述のように小作料は地主と小作人との一種のポトラッチ関係とみてよいが、わけても第一次大戦後には小作料を借地料の代価とみるには兼業所得とあわせても自己の再生産を不可能とするほど、負のポトラッチに陥っていた。その意味で、小作料の低下という事実は1920年代の国内米生産量の停滞と植民地米移入の増加という状況のなかでおこっているのであり、それは国内産米の過剰生産によって起きた現象とは異なる。生業（なりわい）であり、自給生産を主とし、かつ労働意欲をもつ主体としての1ha未満小作農にとって、小作料の負担は明らかに生きるための活動を阻害するものだったのである。第一次大戦にともなう生活共同体の危機であり、林宥一がいうように、わけても昭和恐慌下の争議は賃労働機会の激減のなかで、「生存そのものを維持する生活防衛的な論理（下層貧民のいわば生活の論理）」（林宥一：1978：241～242頁）によるものであった[(8)]。

小作料問題は〈共同体の原理〉と深くかかわりを持っていたのであって、いわゆる〈商品経済の原理〉のみでは、解き得なかったのである。

〈注〉

(1)これまでの叙述であきらかなように、高率小作料の要因は私の旧著(1974:200頁以下）と基本的に変わらないが、その低下要因については旧著では「自家労賃範疇の確立」（拙著：219頁）としたが、現時点では自家労賃範疇は想定できないと考える。その点は前章の構成からもあきらかなように、〈商品経済の原理〉のみで小農民は行動するわけではなく、とりわけ第一次大戦を経過するなかで、最低限の家族生活を維持するうえでの自己防衛システムが働いたためではないかと考える。旧著では、工業賃銀と同一水準の農業所得の確保を以って「自家労賃範疇」の確立としたが、そもそもそういう想定はできないし、そうした規定力を農業は持っていなかったのである。
⑵ なお、佐藤正（1968：564頁の図Ⅳ―Ⅰ）に、「東北と近畿の小作争議件数の比較」（大正7年～昭和17年）を示す図がある。
⑶ 具体的には、楫西光速・加藤俊彦・大島清・大内力の共著『日本資本主義の没落』第1巻、第2巻 、東京大学出版会を参照した。
⑷ 地主は耕地整理について、耕地整理のための投下資本額よりも小作料増分の利回りの方が大きければおこなうであろうが、坂根と有本らは小作農には「残余請求権が配分」されており、反収の増分が小作人にも配分されていることから、小作農が一方的に不利であるという通説に反対している(坂根嘉弘・有本寛：2017：164頁～168頁を参照した)。
⑸ マルクスの引用文中の〝〟はマルクス自身が手稿で角カッコに入れた箇所を示す。なお、武田晴人（2017：363～364頁）は、「暉峻説の問題点」として、「都市労働者並みの生活条件を確保するという生活の質を問題にするような意識に、賃金水準の多寡を問題にする以上に重要な比較の視座があるように思うのです。そうはいっても、Vの問題以上に実証できることではないのですが、比較を通して説得の論理として通用したということに農民たちの意識の変化が現れているということではないかと考えているのです」としている。私は、この武田の理解のようにVとの比較の視座とするのではなく、「生活を守るための自己防衛の意識の確立」こそが重要だと考えるのである。
⑹ 500町歩以上地主については農商務省農務局（1921b：707～774頁）を参照した。なお、50町歩以上地主の事例研究は枚挙にいとまがないが、〈東北型〉については、秋田県の池田家（山田盛太郎：1960)、土田家（岩本純明:1975、及び清水洋二:1977)、塩田家（岩本純明:1980)、小西家（品部義博：1978)、宮城県の佐々木家（安孫子麟：1966)、〈養蚕型〉については、山梨県の根津家（松元宏：1972)、奥山家（中村政則：1972b)、〈近畿型〉については、岐阜県のT家（坂井好郎：1978）などを参照した。
⑺ 小作調停法については西田美昭（1987:305～310頁)、平賀明彦（2003:63～120頁）などを 参照した。
⑻ なお、暉峻衆三（1984:160頁の注114）はこの林の説を引きながら、「大正後期においては、〔小作争議の〕要求の論理は、第一義的には、生活向上の論理（上昇傾向の「V」確保）にあったのであり、そのもとで経営の一定の前進も可能であったというべきであろう」と指摘する。小作争議を

「生活向上の論理」に求めるのはその通りだとしても、それを「自家労賃」=V をめぐる価値意識の覚醒に求めるのは賛同できない。

終章　「理論と現実とのクレバス」からの脱出

本論の展開は以上のとおりである。世界資本主義が金融資本段階への推転期において、資本の有機的構成の高い生産手段を導入したわが国は、都市からの労働力需要は弱く、農村過剰人口を堆積させた。そのうえ農村家内工業の織物業衰退は一層農村過剰人口の圧力を増した。農村は貧困状態におかれた。労働力移動の条件が如何に不利であっても、貧農下層は夜逃げ同様の挙家離村の形で、さらには日露戦後には小作貧農の次三男は単身離村の形で、都市下層社会へ転落していかざるをえなかった。離村した労働力は都市では生活ができないからと言って、再び農村に戻ることは不可能であった。こうした都市下層社会を形成した貧民の子弟から、やがて定職を持った細民が現れてくる。

他方で、農村内外の労働力市場の制約から農村に堆積した小作農民は、様々な雑業に従事せざるをえなかった。わけても農家の主幹的労働力の場合は家族を養うためにも農村にとどまり、借地をせざるを得ず、1ha 未満の多くの小作農は生きるために高い小作料を払ったのである。しかし、第一次大戦後になると、小作料は伸び悩む。それは小作人にとって、最低限の家族生活を維持するうえでこれ以上の高率小作料は支払えないという自己防衛システム、つまり共同体の論理が前面に出始めるからである。

こういうなかで、1926 年当時の一般的労働者層（月収 60 円未満層）のエンゲル係数をみると、50% を超えている（表 25 参照）。こういう状態のもとで、農民はどれだけ米を贈与できるか、また都市下層社会の人々は生計費の組み合わせのなかで、米にどれだけ返礼のポトラッチがおこなえるかが焦点となる。

これまで、日本における農産物価格論の定説は、農産物価格――その中核たる米価は限界条件における費用価格によって規定されたし、現に規定されている、それはすでに論証済みとするものであった（大内力：1978：252 頁、暉峻衆三：1992：1072 ～ 1073 頁など参照）。その論証の仕方は様々であるが、それは論理的にも実証的にも必ずしも説得的ではなかった。日本の学界ではもはや定説となった費用価格規定によっては、「理論と現実とのクレバス」を埋めることはできなかった。

ところが、現段階においても限界条件における費用価格規定が適用しうるということをア・プリオリに前提し、わけても第二次大戦後はその構造変化のなかで、もはや商品経済の論理に立脚しては〈産業としての農業〉は成立し得ないにもかかわらず費用価格規定が主張され、ますます混乱の度を深めている。さらに需要条件を捨象し、供給側の条件で規定されるとすることで、農産物価格論は「冬の時代」に入ってしまっている。この終章は近代日本の米価構造を総括し、現代の農産物価格論の「冬の時代」からの脱出を意図するものである。

I 「理論と現実とのクレバス」の拡大とその原因

はじめに、現在、「理論と現実とのクレバス」が如何に拡大しているかの例証をあげて検討してみたい。たとえば犬塚昭治説である。その最大の難点は、犬塚は一方で、「都府県でいえばわずかに戸数で三%、収穫面積で十四.三%のシェアをもつ二ヘクタール以上（八〇年センサス）の標準的生産条件層においてかろうじて小農的採算がとれているにすぎない」（犬塚昭治：1987：153頁）、したがって、水稲収穫農家378万戸のうち97%は60kgあたり米の第二次生産費（資本利子・地代を含む）を米価でカヴァーしえていない、と言われる。ところが、他方では、米価は標準的生産条件農家層における限界投資で規定されている、そしてそれは具体的には「一九六〇年代では作付一〜一・五ヘクタール層であり七〇年代では三〜四ヘクタール層といった上層であった」（犬塚昭治：1987：197頁）と言われるのである。だがこれは背理である、という点に尽きる。

なぜならば、犬塚が米価は最劣等追加投資の生産費で決まる、と言われるとき、当然に最劣等追加投資の生産費＞最劣等生産物の生産費、という関係が成立していなければならないはずであるが、そうではない。言い換えれば、需給均衡的であっても最劣等追加投資の生産費で米価が規定されているとは限らないし、また標準的生産条件農家階層における限界投資で米価が規定されていたとは言えないことになる（山内司：1992：119〜139頁参照）。犬塚による論理展開が経済学原理論に則った〈商品経済の原理〉に立つ緻密なものだけに、いっそう現実とのギャップは大きいと言わねばならない。

また、阿部淳は国家独占資本主義のもとでは農工間不均等発展による相対的生産性変化に照応的な相対価格調整機能が、独占資本の市場支配力により歪曲・麻痺され（農工間不等価交換＝価値収奪関係）、他方では、独占資本によっても処理できない資本蓄積機能（その制限要因である農産物の高価格問題）を解除すべく、国家に管理通貨制を前提に社会的統合機能を果たすことを要請した（阿部淳：1994：105頁以下参照）と言う。こうして、1980年代以降は「米作経済解体の危機」を迎えているとして、既述のように1982年の農業地域別にみた60kg当たり「限界地・限界経営の現実米価1万7,893円は、理論米価9万3,503円の市場価値の実に19.1%の実現水準にすぎなかった」（阿部淳：1994：158頁）と言われるのである。この説は小商品生産といえども資本主義的三範疇に包摂される価格範疇以外の何物でもないとし、価値通りの価格（C+V+P+R）の全面的な実現こそが正常な価格形態とする特異な理解に立つ。ここでは、米を需要しようとする人の購買力はどうなっているのであろうか。なぜ需要側の条件を考慮しないのであろうか。こういう現実離れをした論理をみると、〈理論と現実とのクレバス〉を埋めることは、到底できそうにもない。

次の問題は「理論と現実とのクレバス」はなぜ大きくなったのかである。一つは商品経済万能の世界で成り立つ限界条件規定を現状分析に持ち込むということをしたからである。それは「青い鳥」（白川清：1976：154頁）として、商品経済万能の原論的世界で羽ばたいていればよかったのである。また現実を踏まえずに商品経済の論理を100%現状分析に適用したからである。現実の世界は共同体のうえに商品経済の論理が働いているのであって、共同体の論理を抜きには成立しないのである。

それは、たとえば花田仁伍などが「C+V理論において、とらえられるべきVは、資本主義的一般的な労賃でなければならない」ということへの反論をなす。花田は「資本主義の側の賃金格差と結びあわせようとする方法……は、結果において、農産物価格で実現する低い自家労働報酬分と見合う賃金水準を資本主義的労働市場に求めるというやり方になって、便宜主義になる危険性がある」（花田仁伍：1971：259頁）と言われるのである。花田のこうした主張は、金融資本段階の労働力市場の在り方に正当な留意を払われていないからである。

原論的に言えば、農工間における資本及び労働力の移動が想定される。けだし、資本の等質性を前提として、利潤率の極大化の追求が資本の移動あるいは追加投資という形で利潤率の均等化を要求する。その場合、農業部門においては、各資本が自由に同等の自然条件を利用し得ないのだから、市場生産価格が限界投資の個別的生産価格によって規定されるがゆえに超過利潤の地代への転化という形で処理される。原理的には超過利潤を地代に転化することによって資本は土地所有の制約を処理するのであるが、現実には、わけても金融資本段階には世界市場を介して国内農業を資本に従属させる形で処理する。原論的な方法を小農民に適用すると、クレバスは拡大するしかない。

もう一つ、クレバスの拡大には次のような誤解があると思われる。「商品生産と価値法則を前提とするかぎり、農民層の両極分解・資本形成の論理〔資本主義的農業生産への展開〕は不可避的で論理必然的である」とする花田のような捉え方である。戦前には商品生産範疇は未確立であり、地主――小作人は「貢納関係」であり「価値規定の法則は最初から否定されている」（花田仁伍：1978：172 頁）。これは随分と問題のある発言だが、それはとにかく花田は農地改革を契機に「小農価格（C+V 基準）範疇が確立する基礎が成立」（花田仁伍：1978：185 頁）したと言われる。この花田の論理の延長上に、価値論的視点から小農的農産物価格形成の価値通りの価格形成を「三位一体定式」の「類推」的適用によって論じるのが阿部淳であったが、その論理は認められそうにもなかったのである。

Ⅱ　世界農工分業の行き詰まりと農業問題

第一次大戦前までは世界農工分業体制の拡大のなかで、なし崩し的に過剰資本を処理できた。しかし、大戦後はその処理機構が喪失し、対外的には国際対立と摩擦、対内的には構造的過剰人口の堆積と農工間所得格差といった事態が生じた。国際協調が不可欠になったのは〈商品経済の原理〉によっては「産業としての農業」は成立せず、人間と自然との物質代謝ができないという構造的な問題が生じた。農業を資本主義化し得ないことが農工間の不均等発展による世界経済の構造的矛盾をもたらしたからである。

もともと資本主義には世界市場への膨張志向と世界市場からの国境保護志向という二律背反がつきまとうのであるが、世界農工分業体制を維持し得ず国民経済の摩擦が民族国家としての性格を強めるのが第一次大戦であること、しかも〈商品経済の原理〉のみによっては、国民経済の自立化（＝農工立国化）も困難であった。それゆえ、政治的・軍事的な補完を必要としつつ、国際対立を回避しながら国際均衡を図りつつ資本蓄積を進めるために、産業構造の転換、国内市場の拡大が要請され、またそれに応じた適合的な柔構造的社会が求められた。

民主主義の導入による国民統合に見られるように、むしろその周辺部分に対する国家による直接介入、わけても生存権及び労働基本権の法認、一言で言えば、ギブ＆テイクの共同体的関係の拡充が求められた。世界市場を通さなければ農業生産力の発展は図れないが、しかしまた世界市場を通しては農業の自給化は達成し得ない。私の言う世界農業問題の発生である。(1)

少し敷衍しておこう。マルクスやエンゲルスは資本主義のもとでは、農業もやがて資本家的経営となり、農民は両極に分解していくものと想定し、農民層の階級的位置づけを明らかにすることに主たる関心を置いていた。それはプチブルジョア（小商品生産者）という概念は革命論を前提とすれば説明上困るからである。マルクスは『資本論』第1巻第7篇第24章で「否定の否定」として、第一に小経営的生産様式の否定、第二に資本主義的所有の否定を挙げ、〈商品経済の原理〉が徹底されていけば、農業の資本主義化が実現できるという神話を主張したのである。そういうストーリーでなければ、純粋な資本主義という社会の正当性は証明できないからである。しかし、そもそも歴史的に農業で資本主義的経営が出現したという例は聞いたことがない。

だがレーニンの市場理論はスターリンに引き継がれただけでなく、〈大経営の小経営に対する優越〉→〈集団化による農業の工業化〉という生産力至上主義があった。マルクスはかつて次のように述べていた、「大工業と大農業とは、本源的には、前者はむしろ労働力したがって人間の自然力を荒廃させることによって袂をわかつとすれば、のちには次第に両者が握手しあう。というのは、農村での工場的体質は労働者の力を失わせ、工業と商業はまた農業のために、土地を疲弊させる手段を調達するからである」(K. マルクス：1967：1042頁）と。

肝要なことは、しかし農業の資本主義化は不可能であるということである。ところが、たとえば犬塚昭治は「先進国は工業製品を後進諸国に輸出し…農産物を輸入することによって、農民層を減少せしめ、残存した農業生産者の経営規模を拡大し、資本家的農業経営を形成・拡大させる。後進国は農産物を先進諸国に輸出し、それでえた資金で工業諸国から生産手段をふくむ工業製品を輸入しつつ、工業生産を拡大発展させ、農民を賃銀労働者に転化せしめて、工業を資本家的生産に転化させる。こうして農業国も工業国も互いに接近して農工両全の国に転化してくるであろう」(犬塚昭治：2019：273頁)[(2)]と、言うのである。

こうした生産力至上主義の農業近代化論は繰り返し登場するが、いずれも失敗に終わっている。機械化による規模拡大をとおした近代化は、水耕栽培あるいは菌床栽培といった土から離れた施設型農業として展開できるかもしれない。しかし、米や麦、トウモロコシといった耕種作物には不向きなのである。確かに貸付に回した農地を集約して、反当たり30kgの小作料を支払う借地大経営を営む20～30ha経営の農家もある。しかしこれは例外的な米作農家と言ってよい。

Ⅲ　共同体の論理と現代――家族経営農家

すでに第一次大戦後、生存共同体保障を国民統合の不可欠の一環とせざるをえなくなっていたのであるが、第二次大戦後はさらに拡大された規模で保障され、農業保護＝自給化政策が採用されざるを得なかった。しかし肝要なことは、その自給化政策・国内需給均衡化政策は結局のところ所得補償政策たらざるを得なかったということである。そしてその所得補償機能によって農工間不均衡是正をある程度は達成できるとしても、あるいは国内供給量を確保できるとしても、国境保護措置による世界市場からの遮断は農産物価格を著しく割高なものとせざるを得ない。逆に国内で過剰問題が発生した場合には、「投資の可逆性」が作動し得ないことから、政策的に価格を引き下げればよい、ということにはならない。

というのは、日本に限って言えば、米過剰から価格を引き下げれば余剰部分を少なくすることで規模拡大の動因を喪失する。しかしまた、農外賃金の上昇のなかで価格政策をとおし供給量を確保しようと価格を引き上げれば、安定兼業を維持し経営規模拡大の制約要因となる。ここには後にもみる「農地法的土地所有」の弊害がついて回るのである。

構造的な過剰と不足と言う事態にたいして、もはや商品経済の機構では対応し得ず、一国的にも処理し得ない。わけても70年代以降のスタグフレーション下で、過剰資本の処理はいよいよ困難となり、そして農業部門はまさにマージナルな労働力吸収部門として堆積せざるを得なくなり、構造的な農産物の過剰と不足にもかかわらず、その打開策が展望し得ない状況、これが農業問題の現地点である。

こうした動向を念頭に置いて、日本農業についてみると、以下の点が価格構造を解明するうえで重要であろう。第一に、戦前の中農標準化傾向にかかわって第二次大戦後になると分解基軸が上昇し、大型小農化傾向あるいは兼業安定化傾向とでもいうべき状況がみられるようになる、という点である。分解の分岐層における家計費が一番低く、農家所得または家計費を規模別に示すと、V字型を示す。分解基軸の上昇とは限界条件における価格規定が働かないという一点のみによって説明可能なのである。

60年代に入ると、「労働の流動性を高め……もって雇用の高度化をはかることが今日の経済政策の眼目」(池田勇人:1960:628頁) と言われ、その一環として展開されたのが農基法農政であった。開放体制にむけて農産物の見返りとして工業製品輸出の方向を明確化するものであった。同時に農村に「地すべり的」変動が起き、農工間所得格差拡大のなかで、いっそう稲作への特化と「高米価」が食管赤字問題とかかわってクローズアップされた。この時期、井上周八のように「当面の米価闘争の基本的課題は、米価闘争を通じて労農同盟への途を打開する方法にあることは自明である」(井上周八:1968:306頁) などと言った時代錯誤的なことが語られていた。

第二に、たとえば1968年度の数値を手掛かりにして梶井功は「男子専従者のいる農家は」経営規模が小なるほど資本——労働集約度や土地利用度が高い。ここでは、畜産や野菜の生産が経営の中心であり、それは石油資源に依存した施設農業化という方向の経営である。これにたいし「専従者のいない農家」は稲作依存度が極めて高いし、計算上は労働生産性も高く示されている（梶井功：1973：24 〜 25 頁参照）と言う。この水稲農家の地域別分布をみると、2ha 以上規模農家の大部分は東北（51%）と北陸（23%）で占められている（持田恵三：1969：139 頁、141 頁の表）。農外労働力市場の賃金水準に規定されて、農業基幹労働力は取り崩され、兼業安定化傾向を強めている。こういうもとで戦前の生活窮迫的な多就業形態とは異質な〈米と兼業の農家構造〉の担い手として登場したのが、いわゆる土地持ち労働者であった。戦前、家計費水準や所得水準が経営規模に比例していたとすれば、第二次大戦後は大きく変わり 0.5ha 層こそ「最も豊かな農家」となった。他方で、「大型小農化」を目指す「企業的家族経営」を別とすれば、東北などの農家はその経営規模から言って離農するには大きすぎることから稲作生産への特化、稲単作化傾向を強めつつ、他方で農閑期を利用しての出稼ぎ傾向を強めている。

以上の点も含めて、「農地法的土地所有」と価格論との関係も注目したい。示唆的なことは、70 年代の〈動力耕運機・トラクター→田植え機→コンバイン〉の普及である。これは、一方では機械化の導入から家族的大経営への可能性を高めるが、生産過程のピークの山を崩すことで農閑期を広げ、兼業への途を開くことになった。他方では農産物保護政策のもとで、土地持ち労働者として恒常的賃労働に従事しつつ、片手間に省力的な形で飯米を確保し、スタグフレーションが進むなかで資産選好を図り、あわせて失業と老後の生活保障に備えた。

こうなったのは、農地法体制がその自作農主義と耕作権保護を打ち出したこと、それが土地購入であれ借地によってであれ規模拡大を制約してきたし、現在も制約し続けているからである。こうして農地法が構造的な兼業化を支えており、それがまた〈産業としての農業〉の成立を一層困難にしているのである。金融資本による社会編成の限界――重層的労働力市場から構造的に「投資の可逆性」も、限界条件による価格規定も働かず、逆にまた兼業農民を堆積させることで、たとえ生産費がカヴァーできなくとも兼業所得を含めてともかくも生活が成り立つという状況が、こんどは「高位生産力をもつ稲作経営体」の形成と規模拡大を阻止させている（有坪民雄：2018：59～67頁参照）。そこには大泉一貫のいう「兼業というセーフネット」（大泉一貫：2009：129頁）が存在しており、サラリーマン収入で機械代を補填している。「農業機械の装備は、どこでも兼業収入の補てんによって成立している」（青木紀：1988：260頁）のである。

稲作は自動車産業技術の応用（大型トラクター、コンバインの導入）や化学産業技術の転用（除草剤、防虫剤の発明）等によって、「専従者のいない」Ⅱ種兼農家においてこそ、最も適合的な作物として栽培されている。そして今や、無人運転コンバインの導入やドローンによる空中からの薬剤散布さえおこなわれている。ただし、彼らにとって肝要なことは先祖代々の土地を受け継ぐことであって、生産性を高めるとか効率よくということは関係ない。そこにあるのは、愛情をかけて育てればおいしい米がgiveされるという共同体的な行動様式なのである。

第三に、為替レートの変動による農産物の交易条件の変化、円高にともなう農産物の国際比価の上昇などを含めた、国境保護措置と価格支持政策である。食糧管理制度が1995年に廃止されても、米市場の自由化はその世界市場価格との極端な乖離からもなかなか行われなかったが、1999年には米の市場開放が行われた。すでに1990年現在の数値でみても、日本の稲作農家の面積は0.6ha規模にたいしてアメリカの稲作農場94ha、タイ3.9ha、その消費価格は10kg当たり日本円にして4,639円、アメリカ800～1,400円、タイ550円という推計も示されているから、これは競争にはならない。しかもヘンリー・C・デスロフが言うように、世界の米の総生産高のうち輸出に占める割合は3％位だから、量のわずかな増減が大きな変動をもたらすことになる（ヘンリー・C・デスロフ：1992：8頁参照）。そのうえ、現在の日本は輸出主導型だから工業品の見返りに農産物を輸入せよとの外圧がある。さらに円高状況では、為替対策上からも国内の実業家から農産物を輸入せよと、圧力がかかる。さてこうなると、国境保護措置がどこまで有効かどうかは疑問となる。

日本の農業は過保護といわれるが、鈴木宣弘が言うように、日本の農業所得の2割が補助金なのに、EUでは95％が補助金である（鈴木宣弘：2013：158

頁以下参照)。日本の農業保護が本当に高ければ、なぜ若者は後継者にならないのか。日本の農業保護は諸外国と比べてもかなり低いのである。

現代の農産物価格論は、およそ以上のような諸点を踏まえて、価格構造論として展開すべきであり、そこでは共同体の原理、つまり贈与の原理とともに説くことが必要になろう。簡単に触れておけば次のようになろう。

エンゲル係数が戦前水準に達するのは1950年代半ばであるが、この間に戦前にみられた〈米生産費と生計費との著しい乖離〉――農民にとってはその米価では生産費を償えるかどうかの手取りしかない、しかし労働者にとってはその米価では生活がぎりぎりであるという生活水準の矛盾――から脱出した。そして60年頃には一人当たり米消費量も減少傾向に転じ、所得水準の上昇は野菜・果樹・乳製品などの消費増加に向けられ、食糧消費構造の変化が進行した。高度経済成長に伴う恒常的賃労働機会の拡大と実質賃金の上昇のなかで、今や家計費に占める米代の割合はネグリジブルとなった。たとえば既に60年代半ばで、都市勤労労働者平均一ヶ月の消費支出に占める米代の割合が5%、75年には3%を割っている点に明らかである。米価はどう決まるのであろうか。

いま仮に、月収20万円、米代への支出が2%だとすると、米代は月に4千円、年間4万8千円である。他方、おにぎりを一人毎日3個食べると(45g×3=135g)、年間48.6kg、2.5人家族とすると年間121.5kgの需要がある。そうすると、kg当たり米価は4万8千円÷121.5kg=395.06円。60kg当たり23,703円までが有効需要のおよその上限である(3)。

ところが、たとえば中村卓のように、一般的には独占企業による製品の生産・販売を想定して、需要が生産を規制するのは産業資本段階であり、現在では、生産が需要を規制すると言う受け止め方が多いように思われている。本当だろうか。確かに論理的には、独占企業による製品の生産、販売はそうかもしれない。しかし、現実には国家独占資本段階でも独占企業製品は存在し得ない。ある使用価値について巨大企業といえども供給の独占はありえないからである。「作れば売れる」のではなく、独占企業製品でさえ、「売れるものを作る」のである。また圧倒的多くの中小企業では、「売れるものを作る」ことが求められている。それはポトラッチ・パートナー的なニッチな市場における供給によって支えられている側面が強いからである。相手に買い取ってもらうことが長期相対的に固定化すれば、限りなく贈与する行為に近づくのである。

しかも、多くの農民には共同体の論理が働く。いわゆる土地持ち労働者は〈共同体の原理〉に則ってギブ&テイクをおこなうことで生活する。彼らは作業委託にかかる費用を上回る所得が得られるか、または共同体の論理にしたがって先祖代々の土地が守られ、おいしい米が得られる場合には、日曜百姓を営むのである。こうしてその多くが作業委託をしているか、または飯米確保のために米作を営んでいる。今日、農家の大半は農作物を自給的に栽培し、剰余が生まれたときにわずかながら売る、あるいは収穫の喜びを共有したいとして、贈与をすることでコミュニケーションを図るのである。そこでは生産費という考え方は希薄なのである。

結　語

結論を言えば、「理論と現実のクレバス」は次のような点に起因していたと思われる。一つは「限界条件」規定の成立条件を考慮していないことである。つまり、①「投資の可逆性」があり、追加供給がスムースにおこなわれること、あるいは需要が永久に増大し続けること、②どの土地が優等地、劣等地かがわかり、市場での情報が完全であること、③平均利潤を想定することが可能であり、人は最大利潤のみを求めて行動することといった条件が必要なのである。

しかし、〈共同体の原理〉との共存から成り立つ原論的世界では「限界条件」は成立しないし、需要要因を考えないのは致命的であった。二つには、「農民的分割地所有」概念を小農民に無条件に適用する誤りに陥っていたことであった。三つには、社会は〈商品経済の原理〉で100%構成されているかのように考え、C（不変資本）＋V（自分自身に支払う労賃）という費用価格を想定したことである。もちろんそこでのVは、資本家が労働者に支払う労賃とイコールのものという想定なのであった。しかしそれは〈商品経済の原理〉のみで成り立つ原論の世界では考えられるとしても、利潤極大化のみを唯一の行動原則とするのは大きな誤解であった。

翻って言えば、社会は〈共同体の原理〉のうえに〈商品経済の論理〉が成立しているのであって、その逆ではないということである。共同体内における贈与は一方的に見えて長期的にみれば、贈与された側も反対贈与をおこなう。つまり、〈商品経済の原理〉のみで考察するには限界があったということなのである。商品経済の原型が贈与経済――〈共同体の原理〉であったからである。その〈共同体の原理〉を無視してきたために「理論と現実のクレバス」は拡大したのである。言い換えれば、これまでのところ、人間界と自然界との基本的ポトラッチ、つまり自給自足の観点で、人間界と自然界は相互扶助的な共存共栄をしてきたのである。

農産物価格（米価）は家族の維持という〈共同体の原理〉と再生産の維持という〈商品経済の論理〉との組み合わせによって基本的に規定されている。そのうえで米価は一方では労働者側の多数を占める最低生活者層の有効需要によって、他方では貧困農民は生存最低ラインの必需品を購入して生存し続けるという構造があるから、農民側の手元にある貨幣量によって規制され、需要側の要因によって総括されていたのである。1ha 未満の小作農は小作料を支払ったのちに得られる米で兼業収入とあわせて家族の生活ができるかどうかということが、小作料の水準を決めたのであった。そこには限界条件における費用価格規定は成立しないし、ましてや小作料が差額地代第二形態 DRⅡに類推できるはずもなかった。第一次大戦後の小作料率の低下も、家族共同体としての崩壊の危機意識からくる生活権意識の確立――負のポトラッチ機能の是正・正常化への動き――であった。大内理論の破綻と言ってよいであろう。

最後に、この研究が現代の日本農業を考えるときにどう生かせるか、簡潔に触れておきたい。現代国家における国民経済の自立化（＝農工立国化）の要請は、ますます〈共同体の原理〉による「食糧の自給化」を必然化させるが、〈共同体の原理〉は「食糧の自給化」とイコールではない。しかも、主食である米は兼業農家を中心とした家族経営として〈共同体の原理〉により栽培されていくのである。その〈共同体の原理〉とは、繰り返し言えば、贈与を軸に非商品経済的な相互扶助によって成り立つ行動様式のことである。農民は自家消費とともに親しい相手に剰余米を贈与しつつ相互扶助的に生活していくのである。人は家族のなかで生まれ、「家族共同体の場で自己生産できない部分があれば、市場での贈与交換……を実践する」（松尾秀雄：2022：109頁）。その商品経済も実は贈与しあう行為の継続なのである。農民は作物を育てる営み＝生業を営んでいるのであり、その行動原則は金儲けとは限らないのである。環境問題への取り組み、循環型社会の構築、都市の若者への農村文化の発信など、今後は市場万能の発想ではなく、〈共同体の原理〉を軸に農業問題の考察を深める必要がある。

〈注〉

(1) 宇野弘藏の言う「世界農業問題」とは世界的な慢性的農産物過剰＝農業恐慌を意味していると思われるが、私には第二次大戦後もそれが妥当するとは考えられないので、本文のように私なりの定義をしてみた。私の理解では世界農業問題とは、世界市場を通さなければ農業生産力の発展は図れないが、しかしまた世界市場を通しては農業の自給化は達成し得ないという点にある。戦前の日本資本主義の特殊性は世界農工分業の解体の危機に抗して、植民地との農工分業体制に乗り出すというパラドックス——植民地を含めた食糧の自給化——をとった点にある。それは一方で、植民地からの安価な米移入と日本からの工業製品移出をおこない、植民地統治を可能とし、他方では、そうすることで資本の利益に応えつつ、国内での食糧自給を可能とするものであった。だがそれは、日本の内地の農民の窮乏化を余儀なくしていく過程でもあった。

(2) 宇野弘藏が言う「発展の法則」が犬塚昭治の主張するようなものだとすると、南北問題はそもそも起きないのではないか。

宇野弘藏自身はこう言っている。先進国イギリスが、農業をも資本主義化するようになったという19世紀の、「五〇年代においてさえ、原理論で明かにされるような関係をそのままに実現していたのではない。なお賃銀や利潤に喰いこむ地代の存在をも許したのである」（宇野弘藏：1965：186頁）と。要は、資本主義的農業、つまり機械化による高度な生産力を持った大規模農業は不向きであり、せいぜい家族的大規模経営にとどまるのである。とすれば、宇野が言ったという「発展の法則」があるのかどうかは疑わしい。なお、大内力も次のように言う、「多くの国においては、その資本主義がもっとも順調に発達した自由主義段階においてすら、農業は、完全に資本家的生産によって支配されるようにはならず、むしろ中間段階たる小農民を数多く残存せしめていたこと、そして資本主義がそのほんらいの発展傾向を失う帝国主義段階にはいると、農業の資本家的発展もおこなわれなくなり……」(大内力：1961「初版はしがき」：4頁）と。「『発展の法則』の彼方にはとてつもない難問が構えていた」(犬塚昭治：2019：488頁）と犬塚は言うが、それは『資本論』が対象とする純粋資本主義社会であって、現実のものではない。

(3) 1990年代以降、米は価格に加えて、食味やブランド力などで選好するように変化しつつあるから、あくまでもこれは一つの目安であるが、消費者は品種（食味）を選びながらパンとの代替関係を考えつつ、この上限くらいまでなら購入しようとするであろう。

参考文献一覧

あ

青木紀　1988　『日本農業と兼業農家』、農林統計協会。

赤羽一　1910　「農民の福音」、岸本英太郎編『資料 日本社会運動思想史 第4巻』、青木書店、1968年、に所収。

浅野陽吉　1909　「関税定率法輸入税表中改正案　第一読会」、『帝国議会衆議院議事速記録 23』、東京大学出版会、1980年、に所収。

東武　1928　「自作農創設維持策」、大日本農政会編『農政研究』第7巻12号、大日本農政会、に所収。

安孫子麟　1966　「第三章第三節　地主経営の変化と地主制の意義」、須永重光編『近代日本の地主と農民』、御茶の水書房、に所収。

安孫子麟　1968　「第二編第一章第二節　明治後期の農業」、中村吉治編『宮城県農民運動史』、日本評論社、に所収。

阿部淳　1994　『現代日本資本主義と農業構造問題』、農林統計協会。

網野善彦　2001　『歴史を考えるヒント』、新潮社。

荒川五郎　1909　「地租軽減ニ関スル建議案　第三読会　1909年5月14日」、衆議院議事速記録第20号、『帝国議会衆議院議事速記録 23』、東京大学出版会、1980年、に所収。

安良城盛昭　1972　「日本地主制の体制的成立とその展開（中の1）」、『思想』第582号、岩波書店、に所収。

安良城盛昭　1973　「日本地主制の体制的成立とその展開（下）」、『思想』第585号、岩波書店、所収。

有坪民雄　2018　『誰も農業を知らない』、原書房。

有馬頼寧・稲田昌植　1922　『農民離村の研究』、厳松堂。

有本寛・坂根嘉弘　2003　「小作争議の府県パネルデータ分析」、社会経済史学会編『社会経済史学』73巻5号、社会経済史学会、に所収。

池田勇人　1960　第36回国会（臨時会）における施政方針演説、1960年10月21日。内閣制度百年史編纂委員会編『歴代内閣総理大臣演説集』、大蔵省、1985年、に所収。

石井寛治　1969a　「日本蚕糸業の発展構造（2）」、東京大学経済学会編『経済学論集』第35巻1号、東京大学経済学会、に所収。

石井寛治　1969b　「日本蚕糸業の発展構造（3）」、東京大学経済学会編『経済学論集』第35巻2号、東京大学経済学会、に所収。
石井寛治　　1976　『日本経済史』、東京大学出版会。
石塚裕道　　1977　『東京の社会経済史』、紀伊国屋書店。
石橋幸雄　　1960　『農産物生産費計算――その沿革と進展』、明文堂。
石橋幸雄　　1961　石橋幸雄編著『帝国農会　米生産費調査集成』、農業総合研究所。
石原修　　　1913　「女工と結核」、労働運動史料委員会編『日本労働運動史料』第3巻、労働運動史料刊行委員会、1968年、に所収。
伊藤幹治　　1996　「贈与と交換の今日的課題」、『贈与と市場の社会学　岩波講座現代社会学』第17巻、岩波書店、に所収。
井上晴丸　　1955　「第三編 第一章　日本資本主義の展開と農業」、農業発達史調査会編『日本農業発達史　第6巻』、中央公論社、に所収。
井上晴丸　　1956　「第四編　第一章　農業恐慌から戦時経済下の農民へ」、農業発達史調査会編『日本農業発達史　第8巻』、中央公論社、に所収。
稲葉泰三　　1953　稲葉泰三編著『覆刻版　農家経済調査報告』、農業総合研究刊行会。
犬塚昭治　　1967　『日本における農民分解の機構』、未來社。
犬塚昭治　　1982　「農産物価格論の展開と課題」、犬塚昭治編『昭和後期農業問題論集　第11巻 農産物価格論』、農山漁村文化協会、に所収。
犬塚昭治　　1987　『農産物の価格と政策』、農山漁村文化協会。
犬塚昭治　　1988　「原論無用の農産物価格論は成り立つか」、東京農業大学農業経済学会編『農村研究』第66号、東京農業大学農業経済学会、に所収。
犬塚昭治　　2019　『「発展の法則」と日本農業』、御茶の水書房。
猪俣津南雄　1936　『踏査報告　窮乏の農村』、改造社。
岩谷幸春　　1991　『現代の米価問題』、楽游書房。
岩手県　　　1951　『本県農家の統計的分析』、岩手県経済部。
岩淵道生　　1958　『戦前における農家経済の展開過程』、農林省農務局。
岩本純明　　1975　「東北水田単作地帯における地域経済の展開」、土地制度史学会編『土地制度史学』第69号、土地制度史学会、に所収。
岩本純明　　1980　「東北水田単作地帯における後退期地主経済の動向」、鹿児島大学農学部編『鹿児島大学農学部学術報告』第30号、に所収。
岩本由輝　　1974　『明治期における地主経営の展開』、山川出版社。
筆者不詳　　1891　『印刷雑誌』、労働運動史料委員会編『日本労働運動史料』第1巻、労働運動史料刊行委員会、1960年、に所収。

氏原正治郎　1966　『日本労働問題研究』、東京大学出版会。
牛山啓二　1975　『農民分解の構造――戦前期』、御茶の水書房。
内ケ崎虔二郎 1931　『我国に於ける農業政策と其の批判――貧農は斯く見る――』、平凡社。
宇根豊　2010　『農は過去と未来をつなぐ―田んぼから考えたこと』、岩波書店。
宇野弘藏　1959　『マルクス経済学原理論の研究』、岩波書店。
宇野弘藏　1965　『増補・農業問題序論』、青木書店。
宇野弘藏　1967　『新訂　経済原論』現代経済学演習講座、青林書院新社。
宇野弘藏　1974　「従来の我が国の農地制度と封建制」、『宇野弘藏著作集別巻』、1946 年執筆の未定稿、岩波書店。
梅村又次　1956　「第三章第二節　産業間労働移動とその効果」、東畑精一・大川一司編『日本の経済と農業　上巻』、岩波書店、に所収。
梅村又次　1961　『賃金・雇用・農業』、大明堂。
梅村又次・山田三郎・速水佑次郎・熊谷実・高松信清　1967　大川一司・篠原三代平・梅村又次編『長期経済統計　第 9 巻　農林業』、東洋経済新報社。
江畑宇一郎　1934　「農村の過重負担」、大日本農政会編『農政研究』第 13 巻 7 号、大日本農政会、に所収。
大内孝之　1928　「貧窮せる農民生活の実状」、大日本農政会編『農政研究』第 7 巻 5 号、大日本農政会、に所収。
大内力　1950　『日本農業の財政学』、東京大学出版会。
大内力　1951　『農業問題　初版』、岩波書店。
大内力　1952　『日本資本主義の農業問題　改訂版』、東京大学出版会。
大内力　1953　『小農における価格形成の法則について』、日本農業の全貌研究資料　第 10 輯、総合農業調査会。
大内力　1954　『農業恐慌』、有斐閣。
大内力　1956　「日本資本主義の諸問題」、宇野弘藏編『経済学』下巻（角川全書）、角川書店、に所収。
大内力　1958　『地代と土地所有』、東京大学出版会。
大内力　1961　『農業問題　改訂版』、岩波書店。
大内力　1969　『日本における農民層の分解』、東京大学出版会。
大内力　1978　『日本農業論』、岩波書店。
大内力　1981　『経済原論　上巻』、大内力経済学体系、第二巻、東京大学出版会。
大内力　1985　『帝国主義論』上巻、大内力経済学体系、第四巻、東京大学出版会。
大内力　1990　『農業の基本的価値』家の光協会。
大内秀明　1964　『価値論の形成』、東京大学出版会。
大川一司・石渡茂・山田三郎・石弘光　1966　大川一司・篠原三代平・梅村又次編『長期経済統計　第3巻　資本ストック』、東洋経済新報社。
大川一司・高松信清・山本有造　1967　大川一司・篠原三代平・梅村又次編『長期経済統計　第1巻　国民所得』、東洋経済新報社。
大河内一男　1952　『黎明期の日本労働運動』、岩波書店。
大河内一男　1966　『経済学入門　経済学演習　I』、筑摩書房。
大泉一貫　2009　『大衆消費社会の食糧・農業・農村政策』、東北大学出版会。
大島清　1955　『日本恐慌史論　下巻』、東京大学出版会。
太田嘉作　1938　『明治大正昭和　米価政策史』、国書刊行会、1977年、に復刻。
大槻正男　1935　「我邦の小作料」、農業経済学会編『日本農業の展望』、岩波書店、に所収。
大槻正男　1959　『米価・生産費・地代』、有斐閣。
大槻功　1979　「第五章　地主経営の危機と転換」、安藤良雄編『両大戦間の日本資本主義』、東京大学出版会、に所収。
大橋博　1959　「明治期末における大分県農業」、農業総合研究所編『農業総合研究』第13巻2号、農業総合研究所、に所収。
大橋博　1962　「明治中・後期農民層分解の地域的特質と発展段階」、早稲田大学史学会編『史観』63・64合併号、早稲田大学史学会、に所収。
大場正巳　1960　『農家経営の史的分析――明治初期以降農地改革にかけての東北一農家経営の展開構造――』、農業総合研究所。
岡田洋二　2010　『農本主義者山崎延吉』、未知谷。
岡部洋實　2021　「第一章　労働価値説再考」、SGCIME編『マルクス経済学市場理論の構造と展開』、御茶の水書房、に所収。
岡本篤二　1926　「北陸四県に於ける農工商三業者の県税負担比較」、大日本農政会編『農政研究』第13巻4号、大日本農政会に所収。
大豆生田稔　1984　「1930年代における食料政策の展開」、城西大学経済学会編『城西経済学会誌』、城西大学経済学会、に所収。
小木新造　1983　『ある明治人の生活史』、中央公論社。
小倉武一　1951　『土地立法の史的考察』、農業総合研究所。
尾城太郎丸　1970　『日本中小工業史論』、日本評論社。

小田紘一郎　1991　『データブック　世界の米』、農山漁村文化協会。
小野武夫　1941　『農村史』、東洋経済新報社。

か

海軍工廠　1915　『横須賀海軍船廠史　第1巻、慶応元年紀』、労働運動史料委員会編『日本労働運動史料』第1巻、労働運動史料刊行委員会、1960年、に所収。なお、執筆者の氏名は不詳。
香川豊彦　1915　『貧民心理の研究』、警醒社書店。
梶井功　1961　『農業生産力の展開構造』、弘文堂。
梶井功　1970　『基本法農政下の農業問題』、東京大学出版会。
梶井功　1973　『小企業農の存立条件』、東京大学出版会。
梶井功　1988　「佐伯教授の論難に応える」、東京農業大学農業経済学会編『農村研究』第67号、東京農業大学農業経済学会、に所収。
楫西光速・加藤俊彦・大島清・大内力　1970「労働者の状態と労働運動」、楫西光速・加藤俊彦・大島清・大内力の共著『日本資本主義の発展』第1巻、第2版、東京大学出版会、に所収。
片山潜　1898　『労働世界』、労働運動史料委員会編『別巻　労働世界　復刻版』、労働運動史料刊行委員会、1960年、に所収。
加藤俊彦　1957　『本邦銀行史論』、東京大学出版会。
加藤惟孝　1960　『水田主穀生産力の展開　日本農業分析資料3』、農林水産業生産性向上会議。
加用信文　1977　加用信文監修『改訂　日本農業基礎統計』、農林統計協会。
加用信文　1986　『米についての論考』、御茶の水書房。
柄谷行人　2022　「序論」とくに「6 交換の起源」『力と交換様式』、岩波書店。
神立春樹　1970　「伝統的地方工業の動向」、古島敏雄・和歌森太郎・木村礎編『明治大正郷土史研究法』、朝倉書店、に所収。
神立春樹　1975　『明治期農村織物業の展開　第2版』、東京大学出版会。
菅野正　1978　『近代日本における農民支配の史的構造』、御茶の水書房。
上林貞治郎　1948　『日本工業発達史論』、学生書房。
河合良成　1961　「米穀法施行以前の基礎工作」、米穀法施行四十周年記念会編『米穀法施行四十周年記念誌』、米穀法施行四十周年記念会、に所収。
岸英次　1961　「庄内平野における旧大規模経営をめぐる若干の問題」、農業総合研究所編『農業総合研究』第15巻1号、農業総合研究所、に所収。
木下彰　1949　『日本農業構造論』、日本評論社。

岐阜県　　　1972　　岐阜県編『岐阜県史　通史編　近代下』、大洋社。
協調会　　　1929　　協調会編『最近の社会運動』、協調会。
協調会　　　1934　　協調会編『小作争議地に於ける農村事情』、協調会。
協調会　　　1939　　協調会編『全国一千農家の経済近況調査』、協調会。
久保田義喜　1966　　『稲作生産と米価水準――米価形成における最劣等条件をめぐって――』国立国会図書館調査立法考査局。
栗原百寿　　1943　　『日本農業の基礎構造』、中央公論社。
栗原百寿　　1961　　『現代日本農業論』上巻（文庫版）、青木書店。
小池基之　　1944　　『日本農業構造論』、時潮社。
幸徳秋水　　1904　　「東京の木賃宿」、伊藤整・亀井勝一郎・中村光夫・平野謙・山本健吉編『社会主義文学集　日本現代文学全集』第32巻、増補改訂版、講談社、1980年、に所収。
五十棲藤吉　1956　　「『農地等開放実績調査』の全国集計報告」、山田盛太郎編『変革期における地代範疇』、岩波書店、に所収。
小林謙一　　1961　　『就業構造と農村過剰人口』、御茶の水書房。
小林平左衛門 1950　　『地主の変遷』、農業発達史調査会資料、第33號、農業発達史調査会、謄写刷。
小林鉄太郎　1922　　「本邦都市に於ける人口集中の趨勢」、『社会政策時報』第26号、協調会、に所収。
小林正彬　　1972　　「第2編第3章第一節　明治二十年代の東京と大阪」東京百年史編纂委員会編『東京百年史』第3巻、東京都、に所収。
呉文聰　　　1891　　「東京府下貧民の状況」、労働運動史料委員会編『日本労働運動史料』第1巻、労働運動史料刊行委員会、1962年、に所収。
著者不明　　1886　　「東京府下貧民の真況」、西田長寿編『明治前期労働事情　都市下層社会』、生活社、1949年、に所収。
五味仙衛武　1965　　「多肥化と稲作農法」、農業総合研究所編『農業総合研究』第19巻3号、農業総合研究所、に所収。
近藤康男　　1942　　『日本農業経済論』、時潮社。
近藤康男　　1970　　『日本農業論 上巻』、御茶の水書房。

さ

斎藤英作　　1978　　「瀬戸内水田地帯における農業生産力の形成」、農業発達史調査会編『日本農業発達史』別巻下、中央公論社、に所収。
斎藤兼次郎　1911　　「下谷万年町の貧民窟の状態」、新聞『直言』1905年7月2

～23日、中川清編『明治東京下層生活誌』（文庫版）、岩波書店、1995年、に所収。
斎藤萬吉　1915　『農村の開発』、中央報徳社。
斎藤萬吉　1911　「実地経済農業指針」、近藤康男総編集『明治大正農政経済名著集』第9巻、農山漁村文化協会、1976年、に所収。
斎藤安吉　1942　「出稼の性格」、社会経済史学会編『社会経済史学』第20巻2号、社会経済史学会、に所収。
佐藤正　1966　「第四章第二節　農民経営の展開」、須永重光編『近代日本の地主と農民』、御茶の水書房、に所収。
佐藤正　1968　「第四編 第一章　前期における日本農民組合宮城県連合会の活動」、中村吉治編『宮城県農民運動史』、日本評論社、に所収。
佐伯尚美　1987　「農産物価格論の破綻」、東京農業大学農業経済学会編『農村研究』第64号、東京農業大学農業経済学会、に所収。
佐伯尚美　1989　『農業経済学講義』、東京大学出版会。
酒井淳一　1968　「第四編　第二章　第四節　大崎地方の農民運動」、中村吉治編『宮城県農民運動史』、日本評論社、に所収。
坂井好郎　1978　『日本地主制史研究序説』、御茶の水書房。
坂根嘉弘　2002　「Ⅳ　近代・現代　第2章　近代的土地所有の変容」、渡辺尚志・五味文彦編『土地所有史』、山川出版社、に所収。
坂根嘉弘・有本寛　2003　「小作争議の府県パネルデータ分析」、社会経済史学会編『社会経済史学』73巻5号、社会経済史学会、に所収。
坂根嘉弘・有本寛　2017　「第3章第1節　工業化期の日本農業」、深尾京司・中村尚文・中林真幸編『日本経済の歴史』第3巻、岩波書店、に所収。
阪本楠彦　1956　『日本農業の経済法則』、東京大学出版会。
阪本楠彦　1958　『土地価格法則の研究』、未來社。
桜田文吾　1890　「貧天地餓寒窟探検記」、西田長寿編『明治前期の都市下層社会　再版』、光生館、1981年、に所収。
澤田裕　1984　「米類需要の計量分析」、崎浦誠治編『米の経済分析』、農林統計協会、に所収。
品部義博　1978　「東北水田単作地帯における地主経営の展開構造」、土地制度史学会編『土地制度史学』第79号、土地制度史学会、に所収。
篠原三代平　1978　大川一司・篠原三代平・梅村又次編『長期経済統計　第6巻　個人消費支出』、東洋経済新報社。

柴垣和夫　1965　『日本金融資本分析』、東京大学出版会。
清水洋二　1977　「東北水田単作地帯における地主・小作関係の展開」、土地制度史学会編『土地制度史学』第74号、土地制度史学会、に所収。
庄司吉之助　1952　庄司吉之助編著『資料　明治前期福島県農業史』、農業総合研究所。
庄司吉之助　1978　『近代地方民衆運動史　上巻』、校倉書房。
白川清　1969　『農業経済の価格理論　補訂版』、御茶の水書房。
白川清　1976　『農産物価格政策の展開』、御茶の水書房。
新沢嘉芽統　1959　『農産物価格論――米価形成の機構に関する研究――資源局資料』、第20号、科学技術庁資源局。
進藤竹次郎　1958　『日本綿業労働論』、東京大学出版会。
鈴木梅四郎　1888　「大阪名護町貧民窟視察記」、西田長寿編『明治前期労働事情　都市下層社会』、生活社、1949年、に所収。
鈴木鴻一郎　1951　『日本農業と農業理論』、御茶の水書房。
鈴木宣弘　2013　『食の戦争』（文庫版）、文芸春秋社。
須永重光　1966　「第五章第五節　農地改革と地主制の崩壊」須永重光編『近代日本の地主と農民』、御茶の水書房、に所収。
須永芳顕　1970　「中農標準化論の再検討」、農業総合研究所編『農業総合研究』第24巻2号、4号、農業総合研究所、に所収。
隅谷三喜男　1965　「賃労働の再生産と農村」、『思想』第497号、岩波書店、に所収。
隅谷三喜男　1967　「第一章　資本制生産の展開と賃労働の形成」、隅谷三喜男・小林謙一・兵藤釗『日本資本主義の労働問題』、東京大学出版会、に所収。
隅谷三喜男　1968　『社会運動の発生と社会思想　岩波講座、日本の歴史、現代Ⅰ』、岩波書店、に所収。
隅谷三喜男　1971　『日本賃労働史論　第4版』、東京大学出版会。
隅谷三喜男　1981　隅谷三喜男編『職工および鉱夫調査　再版』、光生館。
千田正作　1971　『農業雇傭労働の研究』、東京大学出版会。

た

大日本蚕糸会 1904a　『大日本蚕糸会報1904年10月20日』、労働運動史料委員会編『日本労働運動史料』第1巻、労働運動史料刊行委員会、1962年、に所収。なお、執筆者の氏名は不詳。
大日本蚕糸会 1904b　『大日本蚕糸会報1904年11月20日』、労働運動史料委員会編『日本労働運動史料』、第1巻、労働運動史料刊行委員会1962年、に所収。

なお、執筆者の氏名は不詳。
大日本農会　1940年版　　大日本農会編『本邦農業要覧』、大日本農会。
大日本綿糸紡績同業連合会　1898　大日本綿糸紡績同業連合会編『紡績職工事情概要書』、労働運動史料委員会編『日本労働運動史料』第1巻、労働運動史料刊行委員会、1962年、に所収。
高岡熊雄　　1926　　『農政問題研究　増補版』、成美堂。
高田晋史　　2017　　「縁故米と直接販売米の流通の現状と展望」、農業と経済社編『農業と経済』2017年12月号 、富民協会、に所収。
侘美光彦　　1976　　『国際通貨体制』、東京大学出版会。
侘美光彦　　1980　　『世界資本主義』、日本評論社。
高橋亀吉　　1936　　『日本産業労働論』、千倉書房。
高橋亀吉　　1938　　『明治大正農村経済の変遷』、近藤康男総編集『明治大正農政経済名著集』第19巻、農山漁村文化協会、1976年、に所収。
高橋秀直　　2000　　「経済学における理論の現実性」、弘前大学経済学会編『弘前大学経済研究』第23号、弘前大学経済学会、に所収。
高村直助　　1971　　『日本紡績業史序説 上巻』、塙書房。
高村直助　　1980　　『日本資本主義史論』、ミネルヴァ書房。
田口晋吉　　1898　　『米の経済』、大日本実業学会。
武田勉　　　1963　　「明治後期、瀬戸内一農村における農民層の分化」、農業総合研究所編『農業総合研究』第17巻4号、農業総合研究所、に所収。
武田晴人　　1980　　「1920年代史研究の方法に関する覚書」、歴史学研究会編『歴史学研究』第486号、歴史学研究会、に所収。
武田晴人　　1985　　「第七章　労資関係」、大石嘉一郎編『日本帝国主義史』第1巻、東京大学出版会、に所収。
武田晴人　　2017　　『異端の試み：日本経済史研究を読み解く』、日本経済評論社。
武村民郎　　1969　　「第三部　Ⅲ　地主制の動向と農林官僚」、長幸男・住谷一彦編『近代日本経済思想史Ⅰ』、有斐閣、に所収。
田崎宣義　　1976　　「昭和初期地主制下における庄内水稲単作地帯の農業構造とその変動」、土地制度史学会編『土地制度史学』第73号、に所収。
立川健治　　1986　　「第二章 第三節　1880年代後半～90年代の争議」、大阪社会労働運動史編集委員会編『大阪社会労働運動史』戦前編、上巻、有斐閣、に所収。
田辺勝正　　1940　　『日本小作料論』、厳松堂。
谷干城　　　1895　　大蔵省編「貨幣制度調査会報告附録」、『明治前期財政経済史料集成』第十二巻、明治文献資料刊行会、1964年、に所収。谷は編成当時の調査会長。
玉真之介　1994　『農家と農地の経済学――産業化ビジョンを超えて』、農山漁村文化協会。
玉真之介　2018　『日本小農問題研究』、筑波書房。
田代隆　1963　『小農経済論』、校倉書房。
丹野清秋　1983　『土地所有論』、御茶の水書房。
中央農業会　1943a　中央農業会編『適正規模調査報告　第1輯（田作地帯）』、中央農業 会。
中央農業会　1943b　中央農業会編『適正規模調査報告　第2輯（田作兼畑作地帯）』、中央農業会。
中央農業会　1943c　中央農業会編『適正規模調査報告　第3輯（畑作地帯）』、中央農業会。
中央農業会　1943d　中央農業会編『適正規模調査報告　第4輯（養蚕地帯）』、中央農業会。
涂昭彦　1975　『日本帝国主義下の台湾』、東京大学出版会。
津田真澂　1972　『日本の都市下層社会』、ミネルヴァ書房。
土屋喬雄　1940　「明治廿年農事調査に現はれた農家経営の状況」、東京大学経済学会編『経済学論集』第10巻10号、東京大学経済学会、に所収。
土屋喬雄　1942　「明治廿一年農事調査に現はれた農業生産の消長」、東京大学経済学会編『経済学論集』第12巻7号、東京大学経済学会、に所収。
ヘンリー・C・デスロフ　1992　『アメリカ米産業の歴史』、小沢健二ほか訳、ジャプラン出版。
暉峻衆三　1970　『日本農業問題の展開　上巻』、東京大学出版会。
暉峻衆三　1980　「終章　日本農業再建への展望」、暉峻衆三・東井正美・常盤政治編『日本農業の理論と政策』、ミネルヴァ書房、に所収。
暉峻衆三　1984　『日本農業問題の展開　下巻』、東京大学出版会。
暉峻衆三　1992　「農産物価格」、大阪市大経済研究所編『経済学辞典』第3版岩波書店、に所収。
帝国農会　1914　帝国農会編『帝国農会報』第4巻3号、帝国農会。
帝国農会調査部　1934　「朝鮮に於ける米穀事情（三）」帝国農会編『帝国農会報』第24巻11号、所収。
帝国農会　1934？　『自大正十三年至昭和八年　最近十ヶ年に於ける農業経営の

変遷』、帝国農会。
寺内正毅　1917　「第三十八回帝国議会における施政方針演説」1917年1月23日。内閣制度百年史編纂委員会編『歴代内閣総理大臣演説集』、大蔵省印刷局、1985年、に所収。
東洋経済新報社　1926　東洋経済新報社編『明治大正財政詳覧』、東洋経済新報社。
東洋経済新報社　1930　東洋経済新報社編『日本経済年報』第2輯、東洋経済新報社。
東畑精一　1933　『農産物価格統制』、日本評論社。
東畑精一　1941　『日本農業の課題』、岩波書店。
東畑精一　1936　『日本農業の展開過程　増補版』、『昭和前期農政経済名著集』農山漁村文化協会、1978年、に所収。
常盤政治　1987　「農産物価格論の『破綻』論によせて」、東京農業大学農業経済学会編『農村研究』第65号、東京農業大学農業経済学会。
な
内務省社会局 1898　「細民生計の状況」、官報、1898年8月～11月記載。林英夫編『流民　近代民衆の記録』第4巻、新人物往来社、1971年に収録。
内務省社会局 1922　内務省社会局編『大正十年調　細民調査統計表』、内務省。
内閣統計局　1926　内閣統計局編『労働統計要覧』、統計協会。
内閣統計局　1927　内閣統計局 編『第四十六回日本帝国統計年鑑』、統計協会。
内閣統計局　1929　内閣統計局編『第四十八回日本帝国統計年鑑』、統計協会。
内閣統計局　1932　内閣統計局編『第五十一回日本帝国統計年鑑』、統計協会。
内閣統計局　1939　内閣統計局編『昭和十一年第五回労働統計実施調査報告』統計協会。
中川清　1985　『日本の都市下層』、勁草書房。
長坂聡　1961　「第三章　ドイツ金融資本の成立」、武田隆夫編『帝国主義論』上巻、東京大学出版会、に所収。
長野県　1980　『長野県史　近代史料編　第5巻（三）産業　蚕糸業』、長野県史刊行会。
長野県　1989　『長野県史　近代史料編　別巻　統計（一）』長野県史刊行会。
中沢弁次郎　1924　『農民生活と小作問題』、厳松堂。
中沢弁次郎　1965　『日本米価変動史　再版』、柏書房。
中西洋　1977　「第二章　第一次大戦前後の労資関係」、隅谷三喜男編『日本労使関係史論』、東京大学出版会、に所収。

中村隆英　1971　『戦前期日本経済成長の分析』、岩波書店。
中村隆英　1985　『明治大正期の経済』、東京大学出版会。
中村政則　1972a　「日本帝国主義成立史序論」『思想』 第574号、岩波書店所収。
中村政則　1972b　「第二章　養蚕製糸地帯における地主経営の構造」、永原慶二・中村政則・西田美昭・松元宏編『日本地主制の構成と段階』、東京大学出版会、に所収。
中村政則　1972c　「終章　日本資本主義の諸段階と地主制」、同上編、に所収。
中村政則　1975　「第七章　地主制」、大石嘉一郎編『日本産業革命の研究』下巻、東京大学出版会、に所収。
中村政則　1976　『労働者と農民』日本の歴史　第28巻、小学館。
中村政則　1978　『近代日本地主制史研究』、東京大学出版会。
那須皓　1928　『農政論考』、岩波書店。
並木正吉　1959　「第三章　産業労働者の形成と農家人口」、東畑精一・宇野弘藏編『日本資本主義と農業』、岩波書店、に所収。
西田美昭　1972　「第三章　養蚕製糸地帯における地主経営の構造」、永原慶二・中村政則・西田美昭・松元宏編『日本地主制の構成と段階』、東京大学出版会、に所収。
西田美昭　1978　「第二章　調査地――長野県小県郡――の性格」、西田美昭編著『昭和恐慌下の農村社会運動』、御茶の水書房、に所収。
西田美昭　1987　「第八章　農業と地主制」、大石嘉一郎編『日本帝国主義史』第2巻、東京大学出版会、に所収。
西成田豊　1988　『近代日本労資関係史の研究』、東京大学出版会。
日本銀行統計調査局　1966　日本銀行統計調査局編『明治以降本邦主要経済統計』、日本銀行統計調査局。
日本統計研究所　1958　日本統計研究所編『日本経済統計集』、日本統計研究所。
日本農業研究会　1932　日本農業研究会編『農業恐慌の全面的展望　日本農業年報』第1輯、改造社。
日本農業研究会　1933　日本農業研究会編『米穀問題特輯　日本農業年報』第3輯、改造社。
農商務省　1915　農商務省編『日本内地ニ於ケル米需要供給ノ現在及将来ニ関スル調査資料』、農商務省。
農商務省　1903a　農商務省編「綿糸紡績職工事情」、土屋喬雄校閲『職工事情』第1巻、新紀元社、1976年、に所収。

農商務省　1903b　農商務省編「生糸職工事情」、土屋喬雄校閲『職工事情』第1巻、新紀元社、1976年、に所収。
農商務省　1903c　農商務省編「織物職工事情」、土屋喬雄校閲『職工事情』第1巻、新紀元社、1976年、に所収。
農商務省　1903d　農商務省「鉄工事情」、土屋喬雄校閲『職工事情』第2巻、新紀元社、1976年、に所収。
農商務省　1903e　農商務省編「職工事情附録」、土屋喬雄校閲『職工事情』第3巻、新紀元社、1976年、に所収。
農商務省　1902　農商務省編「工場調査要領　初版」、労働運動史料委員会編『日本労働運動史料』第1巻、労働運動史料刊行委員会、1962年、に所収。
農商務省　1904　農商務省編「工場調査要領　第2版」、隅谷三喜男編『職工および鉱夫調査　再版』、光生館、1981年、に所収。
農商務省　1909　農商務省編「農業小作人工業労働者生計状態に関する調査」、相原茂・鮫島龍行編『統計日本経済』、筑摩書房、1971年、に所収。
農商務省　1919　農商務省編『時局ノ工場及職工ニ及ホシタル影響』、農商務省。
農商務省　1921a　農商務省編「本邦農業ノ概況及農業労働者ニ関スル資料」、『日本農業発達史』第6巻、中央公論社、1955年、に所収。
農商務省　1921b　農商務省編「農業労働者事情概要」、『日本農業発達史』第7巻、中央公論社、1956年、に所収。
農商務省　1924　農商務省編「五十町歩以上ノ大地主ニ関スル調査」、『日本農業発達史』第7巻、中央公論社、1956年、に所収。
農林省　1922　農林省編『小作争議ニ関スル調査（其の一）』、農林省。
農林省　1929　農林省編『農漁村ノ労力移動状況調査』、農林省。
農林省　1930　農林省編『農家経済調査』（昭和二年度）、農林省。
農林省　1931　農林省編『農家経済調査』（昭和三年度）、農林省。
農林省　1932　農林省編『農家経済調査』（昭和三〜四年度）、農林省。
農林省米穀部 1932　農林省米穀部編『各種調査会ニ於ケル米穀ニ関スル調査 ノ経過概要』米穀資料 第9号、農林省、に所収。
農林省　1933a　農林省編「大正元年小作慣行ニ関スル調査資料」、農林省農務局『本邦小作慣行　再版』、大日本農会、1933年、に所収。
農林省　1933b　農林省編「大正十年小作慣行調査」、農林省農務局『本邦小作慣行　再版』、大日本農会、1933年、に所収。
農林省　1933c　農林省編『最近に於ける農家の経済状況』、農林省。

農林省　　　1934a　農林省編『本邦ニ於ヶル刈分小作』、農林省。
農林省　　　1934b　　農林省編「昭和元年至昭和九年自作農創設維持事業成績概要」『農務時報』第103号、農林省、に所収。
農林省　　　1946　　農林省編『農地問題に関する統計資料』、農林省。
農林省統計調査局　　1948　　農林省統計調査局編『我が国農家の統計的分析』、初版は 農林省、1938年。
農家経済調査改善研究会　1957　農家経済調査改善研究会編『大正10年度～昭和16年度農家経済調査概要』、農業総合研究所、謄写刷。
野尻重雄　　1942　『農民離村の実証的研究』、岩波書店。
E・H・ノーマン　1953　『日本における近代國家の成立』、大窪愿二訳、岩波書店。
は
橋本寿朗　　1984　『大恐慌期の日本資本主義』、東京大学出版会。
花田仁伍　　1971　『小農経済の理論と展開』、御茶の水書房 。
花田仁伍　　1978　『日本農業の農産物価格問題』、農山漁村文化協会。
馬場昭　　　1966　「第三章第一節 水稲単作農業の確立過程」、須永重光編『近代日本の地主と農民』、御茶の水書房。
林建久・今井勝人　1987　　武田隆夫・林建久・今井勝人編『日本財政要覧』第3版、東京大学出版会。
林博史　　　1980　「1920年代前半における労働政策の転換」、歴史学研究会編『歴史学研究』第508号、歴史学研究会、に所収。
林宥一　　　1972　「小作地返還闘争と地主制の後退」、歴史学研究会編『歴史学研究』第389号、歴史学研究会、に所収。
林宥一　　　1978　「第五章　、昭和恐慌下小作争議の歴史的性格」、大江志乃夫編『日本ファシズムの形成と農村』、校倉書房、に所収。
原朗　　　　1984　「第八章　階級構成の新推計」、安藤良雄編『両大戦間の日本資本主義』、東京大学出版会、に所収。
東浦庄治　　1933　『日本農業概論』、岩波書店。
兵藤釗　　　1971　『日本における労資関係の展開』、東京大学出版会。
平賀明彦　　2003　『戦前日本農業政策史の研究』、日本経済評論社。
平野義太郎　1978　『日本資本主義社会の機構』、初版は1934年、岩波書店。
広瀬千秋　　1918　東京米穀商品取引所編『米価調節調査会顛末』におさめられた1918年2月27日の委員会での発言、東京米穀商品取引所、に所収。
福冨正美　　1970　『共同体論争と所有の原理』、未來社。

藤野正三郎・藤野志朗・小野旭　1979　　大川一司・篠原三代平・梅村又次編『長期経済統計　第11巻　繊維産業』、東洋経済新報社。
藤原彰　　1978　『天皇制と軍隊』、青木書店。
古島敏雄　1958　『地主制史研究』、岩波書店。
古島敏雄　1963　『資本制生産の発展と地主制』、御茶の水書房。
古島敏雄　1969　『産業史　第3巻』、山川出版社。
細井和喜蔵　1925　『女工哀史』(文庫版)、岩波書店、1967年、に所収。
細貝大次郎　1951　「第三章　第三節　第一款　農地改革による農村の変貌」、農地改革記録委員会編『農地改革顚末概要』、農政委員会、に所収。
細貝大次郎　1977　『現代日本農地政策史研究』、御茶の水書房。
ペ・マイエット　1893　『日本農民ノ疲弊及其救治策』、近藤康男総編集『明治大正農政経済名著集』第3巻、農山漁村文化協会、1975年、に所収。
ま
前田正名　1884　大蔵省編「興業意見　巻四」、『明治前期財政経済史料集成』第十八ノ一巻、明治文献資料刊行会、1964年、に所収。編纂当時、前田は編成主任。
松尾一太郎　1920　『農業労働に関する調査——大正9年——』農業発達史調査会史料、第92号、農業発達史調査会。
松尾秀雄　1999　『市場と共同体』、ナカニシヤ出版。
松尾秀雄　2009　『共同体の経済学』、ナカニシヤ出版。
松尾秀雄　2020　「貨幣と共同体と贈与行為」、名城大学経済・経営学会編『名城論集』第20巻第3号、名城大学経済・経営学会、に所収。
松尾秀雄　2022　「第5章　中国経済への類型論的アプローチ」SGCIM編『アジア経済の現状とグローバル資本主義』、御茶の水書房、に所収。
松原岩五郎　1893　「最暗黒乃東京」、西田長寿編『明治前期労働事情　都市下層社会』、生活社、1949年、に所収。
松本俊郎　1983　「第八章　植民地」、1920年代史研究会編『1920年代の日本資本主義』、東京大学出版会、に所収。
松元宏　1972　「第一章　養蚕製糸地帯における地主経営の構造」、永原慶二・中村政則・西田美昭・松元宏『日本地主制の構成と段階』、東京大学出版会、に所収。
K.マルクス　1967　『マルクス・エンゲルス全集』第25巻『資本論』第3巻第2分冊、編集委員会訳とはやや異なる、大月書店。
K.マルクス　1970　『マルクス・エンゲルス全集』第26巻『剰余価値学説史』

第2分冊、大月書店。
三菱本社　1914　三菱本社編「労働者取扱方ニ関スル調査」、労働運動史料委員会編『日本労働運動史料』第3巻、労働運動史料刊行委員会、1968年、に所収。
南満州鉄道株式会社調査部　1942　南満州鉄道株式会社調査部編『北支那の農業と経済』下巻、日本評論社。なお、執筆者の氏名は不詳。
南亮進　1970　『日本経済の転換点』、創文社。
宮城県調査課　1949　宮城県調査課編『宮城県農家経済の変遷』、宮城県。
宮地正人　1973　『日露戦後政治史の研究』、東京大学出版会。
三和良一　1979　「第六章　労働組合法制定問題の歴史的位置」、安藤良雄編『両大戦間期の日本資本主義』、東京大学出版会。
村上勝彦　1975　「第十章　植民地」、大石嘉一郎編『日本産業革命の研究』下巻、東京大学出版会、に所収。
村上はつ　1982　「産業革命期の女子労働」女性史総合研究会編『日本女性史』第4巻、東京大学出版会、に所収。
村上保男　1957　「戦後米価の構造」、統計研究会編『農産物価格の理論的統計的研究　農業統計研究資料』第19号、に所収。
持田恵三　1969　「食管制度と米作農家」、日本農業研究会編『日本農業年報』第17集、御茶の水書房、に所収。
持田恵三　1970　『米穀市場の展開過程』、東京大学出版会。
持田恵三　1971　「米穀法と現代の食糧政策」、米穀法五十周年記念会編『米穀法五十周年記念誌』、米穀法五十周年記念会、に所収。
森喜一　1961　『日本労働者階級状態史』、三一書房。
守田志郎　1963　『地主経済と地方資本』、御茶の水書房。
守田志郎　1966　『米の百年』、御茶の水書房。
守田志郎　1975　『小農はなぜ強いか』、農山漁村文化協会。
や　わ
八木芳之助　1930　「米価基準設定について」、京都大学経済学会編『経済論叢』第31巻3号、京都大学経済学会、に所収。
八木芳之助　1934　『米穀統制論』、日本評論社。
安田浩　1975　「政党政治体制下の労働政策」、歴史学研究会編『歴史学研究』第420号、歴史学研究会に所収。
矢崎武夫　1962　『日本都市の発展過程』、弘文堂。
柳田國男　1910　『時代ト農政』中の「小作料米納の慣行」、『定本　柳田國男集

第16巻　新装版』、筑摩書房、1969年、に所収。
柳田國男　1924　『都市と農村』(文庫版)、岩波書店、2017年、に所収。
柳田國男　1928　「雪国の春」中の「失業者の帰農」、『定本　柳田國男集』第2巻　新装版、筑摩書房、1968年、に所収。
山内司　1974　『小農価格構造論序説』、私家版。
山内司　1992　「日本における農産物価格論研究」、愛知県立衣台高等学校、校誌『衣台』第12号、に所収。
山内司　2021a　「『出稼ぎ型』労働力論批判」、名城大学経済・経営学会編『名城論叢』第22巻第1号、名城大学経済・経営学会、に所収。
山内司　2021b　「戦間期日本の米価構造」、名城大学経済・経営学会編『名城論叢』第22巻第2・3合併号、名城大学経済・経営学会、に所収。
山内司　2022　「第一次大戦前の労働力編成」、名城大学経済・経営学会編『名城論叢』第22巻第4号、名城大学経済・経営学会、に所収。
山内司　2023　「戦間期日本の小作料」、名城大学経済・経営学会編『名城論叢』第23巻第3・4合併号、名城大学経済・経営学会、に所収。
山口和雄　1963　『明治前期経済の分析　増補版』、東京大学出版会。
山下一仁　2018　『いま蘇る柳田國男の農政改革』、新潮社。
山田盛太郎　1949　『日本資本主義分析　改版』、岩波書店。
山田盛太郎　1951　「第三章　第三節　第二款　A ——『五十町歩以上の大地主の場合。千町歩地主。北海道地主』」、農地改革記録委員会編『農地改革顛末概要』、農政委員会、に所収。
山田盛太郎　1954　「農地改革の歴史的意義」、矢内原忠雄編『戦後日本経済の諸問題』、有斐閣、に所収。
山田盛太郎　1960　『日本農業生産力構造』、岩波書店。
山田雄三　1957　山田雄三編著『日本国民所得推計資料　増補版』、東洋経済新報社。
山中篤太郎　1941　「日本工業に於ける零細性（下）」山本巌編『社会政策時報』第249号、協調会、に所収。
山本茂美　1977　『あゝ野麦峠』(文庫版)、角川書店、に所収。
山本茂美　1982　『続　あゝ野麦峠』(文庫版)、角川書店、に所収。
靭負みはる　1978　「第二章　第一次大戦後の製糸女工の析出基盤」、大江志乃夫編『日本ファシズムの形成と農村』、校倉書房。
横井時敬　1897　「我農業ノ基礎、復タ憾揺セントス」、『太陽　第3巻2号』(ただし、平野義太郎『日本資本主義社会の機構　改版』、岩波書店、1978年、からの再引用)。
横山源之助　1903　「下層社会の新現象・共同長屋」、中川清編『明治東京下層生活誌』(文庫版)、岩波書店、1994年、に所収。
横山源之助　1899　『日本の下層社会』(文庫版)、岩波書店、1949年、に所収。
横山源之助　1910　「東京の工業地域及工場生活のパノラマ」、『新評論』暗黒号1910年9月1日。労働運動史料委員会編『日本労働運動史料』第3巻、労働運動史料刊行委員会、1968年、に所収。
横山源之助　1912　「貧街十五年間の移動」、『太陽』、1912年2月。中川清編『明治東京下層生活誌』(文庫版)、岩波書店、1994年、に所収。
吉田久一　1981　『日本社会事業の歴史　新版』、勁草書房。
労働運動史料委員会　1959　労働運動史料委員会編『日本労働運動史料』第10巻統計編、労働運動史料刊行委員会。
我妻栄　1937　『農村産業機構史』、叢文閣。
和崎皓三　1958　「伊勢地帯における農業生産力の形成」、農業発達史調査会編『主要地帯農業生産力形成史』上巻、中央公論社、に所収。
渡辺治　1976　「1920年代における天皇制国家の治安法制再編成をめぐって」、東京大学社会科学研究所編『社会科学研究』第27巻5・6合併号、東京大学社会科学研究所、に所収。
渡辺新　1983　「戦間期農民運動の一側面」、歴史学研究会編『歴史学研究』第522号、歴史学研究会、に所収。
渡辺信一　1933　「農家経済と労働市場との関係を中心とする若干の資料(二)」、東京大学経済学会編『経済学論集』第3巻9号、東京大学経済学会、に所収。
渡辺信一　1934a　「資本家企業圏と農業経済圏との労働力需給関係」、東京大学経済学会編『経済学論集』第4巻3号、東京大学経済学会、に所収。
渡辺信一　1934b　「農家経済と労働市場との接触面(一)」、帝国農会編『帝国農会報』第24巻8号、帝国農会、に所収。
渡辺信一　1935a　『農民と労働市場』、啓明社。
渡辺信一　1935b　「家族的農業経営に於ける収益の概念」、東京大学経済学会編『経済学論集』第5巻5・6号、東京大学経済学会、に所収。
渡辺信一　1938　『日本農村人口論』、南効社。
渡辺寛　1968　『レーニンの農業理論』、御茶の水書房。
綿谷赳夫　1959　「第四章　資本主義の発展と農民の階層分化」、東畑精一・宇野弘藏編『日本資本主義と農業』、岩波書店、に所収。

図表一覧

あとがき――本書の来歴

本書は名城大学に提出した学位取得論文、「近代日本における労働力移動と米価構造」からなる。これは、序章と終章以外は、名城大学経済・経営学会編『名城論叢』に発表した査読付論文に手を加えて一本化したものである。以下、本書の出来上がるまでの過程にふれてみたい。

私は愛知県の山村に生まれ、山の分校で高校生活を過ごした。そんななかで学校教師にでもなるかと愛知教育大学に入った。そこでは星永俊教授（農村社会学）のお世話になった。大学３年生の時、大内力教授（東京大学教授、農政学）の歯切れのよい論理展開にひかれ、また同じころ犬塚昭治教授（名城大学教授、農業経済学）の実証研究の深さを知った。折しも大学紛争の時期であった。以後、私は宇野理論を導きの糸として独学であるが、大内教授や犬塚教授の論理を乗り越えようと模索していたように思う。

もう少し勉強したいと東京教育大学大学院への進学を考えたが、当時は下宿するにも保証人が必要で、私は同郷の関係で兵藤釗教授（東京大学教授、労資関係論）に公私にわたりお世話になった。そんな関係もあって、兵藤先生には東京大学の経済学部や農学部の図書館利用の便宜も図ってもらったし、労働問題にも関心をもった。のちに私の勤務先の校誌に「確立期日本資本主義の労働力編成」「戦後日本の労働力編成」を投稿したのも（1985～89年）、その影響であった。だが先生は一昨年（2022年）89歳で亡くなられてしまった。東京教育大学では加用信文教授（農法論）や三澤嶽郎教授（イギリス農業経済史）に学んだ。日本農業研究所での日暮賢司兄（東京農業大学教授、農業金融論）との校正作業のアルバイトも楽しい思い出である。私は加用教授の紹介で有楽町にある全国農業会議所に就職が内定していたが、事情があり修士号修得後、愛知県公立高校教諭として就職し、平成21（2009）年３月に校長を定年退職した。

この間、大内力教授が私の習作『小農価格構造論序説』1974年、私家版、を代表的な農産物価格論の一つとして挙げられたり（大内『日本農業論』252頁、1978年、岩波書店）、犬塚昭治教授が私の見解の一部を紹介されたのも（犬塚編『農産物価格論』380頁、1982年、農文協）、何かの縁であった。この習作がその後の私の学問への関心にかかわっているからである。33歳位の時に、犬塚昭治先生にさそわれて名城大学で行われていた経済学研究会（そこに志賀金吾、佐々木仁、山口重克、犬塚昭治、中川清、松尾秀雄などのいわゆる宇野学派と呼ばれる諸先生がいた）に入った。振り返ってみると、40歳のころに「日本における農産物価格論研究」という論文を書いたが、そこでは御園喜博教授（岐阜大学教授、農業経済学）からの私信（1976年9月27日付け）で、教授が拙著に対して「『最劣等地』規定を否定されることは、現状分析のかぎりではもっとものように思われる（読める）。しかしそれだけでは、具体的に何が理論的に市場調節的価格を規定しているのか……理解することができない」といわれたことについて長い間明確な返事をしえなかった。当時私は段階論にこだわっていた。そうした観点から、当時博士論文を書こうと悪戦苦闘していたことを思い出す。勤務先の校誌に、「国家考――経済学の方法と宇野国家論」「穀価論のパラダイム」「日本における農産物価格論研究」「農業問題と現代」といった論文を投稿した（1990～93年）。それは今読んでも「段階論」の色彩が極めて強いものであり、その克服に後にみるように随分と時間がかかった。その後10数年して私の関心は政治学や社会学に移り退会してしまった。

こう書くと本来の学校の仕事の方は大丈夫かと思われそうだが、私は高校で長年にわたり生徒指導主事を担当しており、当時は喫煙問題やシンナー問題等の対応に苦慮していた。毎日、生徒指導で頭がいっぱいで、経済学の勉強どころではなかったのである。そういうなかで書いたものが、「自国の歴史はどう語られるべきか」（雑誌『日本教育』1996年11月号）、「哲学のない時代」（雑誌『日本教育』1998年9月号）、「教師における哲学の貧困」（雑誌『正論』1999年7月号）、「公教育と教師の役割」（雑誌『正論』2002年5月号）、などの論文である。やがてこれらは拙著『やさしさと恥の心を知る教育が日本を救う』（2007年、新生出版社）となった。これは上記の他に産経新聞社主催の「わたしの正論」への投稿論文などからなる。そこではいじめに加担する教師にも触れたし、教師の「正当防衛」論も展開した。ともかく、私は経済学の勉強からは遠ざかったのである。

定年退職後の平成 21（2009）年 4 月から椙山女学園大学で非常勤講師（社会科教育法）を令和 5（2023）年まで担当した。この間、名古屋学芸大学、愛知工業大学の客員講師や公立高校で、世界史、日本史、政治経済、倫理などの非常勤講師も担当した。高校教師として愛知県内の学校をあちこちと回ったが、かつて自分なりに学習した経済学の勉強に区切りをつけたいという思いが強くなってきた。私は松尾秀雄教授（経済原論）の門をたたくことにした。後期高齢者になる前に学位（経済学博士号）を取ろうと急に大学院受験を思い立った。しかし、手続きが社会人入試の申込期日に間に合わず、一般試験で受験した。実のところ、学位はどうすればとれるか知らなかったのである。

私が博士課程に入った時期はコロナが始まる時期であり、やがてプーチン大統領がウクライナへ侵攻する時期と重なる。ちなみに共産党機関紙「プラウダ」とは「真実」を意味するそうだが、独裁者プーチンにとってのみ、それは「真実」であるのかもしれない。このころ、私は国家論に興味を持ち始めた。つまり、国家による強制的支配に対し、国民の国家への同意による支配があるのではないか。これまで〈強制による支配〉の研究はあったが、〈同意による支配〉の研究は手薄であったのではないか。そこで明治国家を素材にして『国民統合』なる論稿を書いてみた。もっともこれは経済学からは外れた内容なので、発表せずにそのままにしてある。この論稿の下書きは「明治国家考」という私の勤務先での校誌に 1996 ～ 97 年に書いたものからなる。

ともかくこうして 70 歳を過ぎてからの勉強で、新しい発想も浮かぶはずもなかったが、松尾教授の共同体の論理に魅かれた。またそれは宇野弘藏教授の見解、いわゆる宇野三段階論の見直しを要請した。実際、当初私は共同体論を経済学原論のなかに取り込むことに大きな抵抗があった。事実、私は 1998 年にも「Japan Problems in Internationalization」（国際化の日本問題）という論稿を書いて、経済学原理論は商品経済的な行動原則に立つ経済人によって構成された世界＝純粋資本主義世界の論理以外にはありえないと述べていた。この点でも、宇野派の第三世代に属する松尾秀雄先生との出会いには感謝のほかはない。松尾先生との出会いがなかったら、いまだに「段階論」を引きずりつつ、右往左往していたに違いない。ともあれそういうわけで、私がこれまでに書いた原稿は、かなりの程度自己批判をせざるを得なかったのである。しかし今では、「理論と現実のクレバス」がやっと自分なりに埋められたのではないか、と考えている。未発表論文「穀価論再考」はその一つである。ともかくそういったわけで、最初の拙著からほぼ半世紀、本書はようやく誕生したのである。難産であった。

最後に、長い間、私のわがままに付き合ってくれた妻・佐貴子には心からありがとうと言いたい。妻・佐貴子とは今年で金婚式を迎える。わが子・晋と円にも随分と迷惑をかけた。特に円には図表の作成に関して大変な労力をかけた。彼女の協力がなければ、本書は完成しなかった。多謝。親としては失格である。それでも本書が多少とも小生の想いを人々に伝えてくれることを願いつつ、筆をおく。ありがとう。

2024年2月22日　　自宅の一室にて　　山内　司

著者略歴

山内　司（やまうち　つかさ）

1949年2月　愛知県に生まれる
1971年3月　愛知教育大学教育学部卒業
1973年3月　東京教育大学（現、筑波大学）大学院農学研究科（農村経済学）修士課程修了
1973年4月　愛知県公立高等学校教諭、教頭、校長（2009年3月定年退職）
2009年4月　椙山女学園大学非常勤講師（～2023年3月まで）
2020年4月　名城大学大学院経済学研究科博士後期課程入学
2023年9月　名城大学大学院経済学研究科博士後期課程修了

著書　『小農価格構造論序説』1974年　私家版
　　　『やさしさと恥の心を知る教育が日本を救う』2007年　新生出版
現在　経済学博士（2023年）

共同体論・転換の経済学
――近代日本における労働力移動と米価構造

2024年5月1日　初版第1刷発行

著　者　　山内　司
発行人　　入村康治
装　幀　　入村　環
発行所　　ロゴス
〒113-0033　東京都文京区本郷2-6-11
TEL.03-5840-8525　FAX.03-5840-8544
URL http://logos-ui.org　Mail logos.sya@gmail.com
印刷／製本　株式会社 Sun Fuerza

定価はカバーに表示してあります。 ISBN978-4-910172-28-6